ANGEWANDTE PFLANZENSOZIOLOGIE

VERÖFFENTLICHUNGEN DES
INSTITUTS FÜR ANGEWANDTE PFLANZENSOZIOLOGIE
DES LANDES KÄRNTEN

HERAUSGEBER
UNIV.-PROF. DR. ERWIN AICHINGER

HEFT XII

DIE *CALLUNA*-HEIDEN (CALLUNETUM *VULGARIS*)
UND
DIE *ERICA CARNEA*-HEIDEN (ERICETUM *CARNEAE*)

VON UNIV.-PROF. DR. ERWIN AICHINGER

WIEN
SPRINGER-VERLAG
1956

S c h r i f t l e i t e r :

Univ.-Prof. Dr. Erwin Janchen

ISBN-13: 978-3-211-80405-6   e-ISBN-13: 978-3-7091-5075-7
DOI: 10.1007/978-3-7091-5075-7

Inhalt:

Die Zwergstrauchheiden als Vegetationsentwicklungstypen

Ein forstwirtschaftlicher Beitrag zur Erfassung der Zwergstrauchheiden als Grundlage der Ödlandaufforstung

Von Erwin Aichinger

Einleitung

Die mangelnde Holzversorgung der bergbäuerlichen Bevölkerung und die Bestrebungen der vorbeugenden Hochwasser- und Lawinenbekämpfung haben der Wiederaufforstung des Ödlandes größere Beachtung verliehen.

Die meisten Zwergstrauchheiden liegen im ehemaligen Waldgebiet, sind Verwüstungsstadien verschiedener Wälder und sollten wieder bewaldet werden, um Hochwasser- und Lawinenschäden vorzubeugen und unserer notleidenden Wirtschaft wertvolles Holz zu liefern.

In der Landwirtschaft dürfen wir es uns nicht erlauben, Wiesen und Äcker brach liegen zu lassen, denn wir müssen doch unsere Bevölkerung ernähren. Noch viel weniger dürfen wir unsere Waldböden als unbewaldetes Ödland brach liegen lassen, denn unsere Wälder haben uns nicht nur mit Holzprodukten zu versorgen, sondern auch unserer Wohlfahrt zu dienen und damit unser Leben erst zu ermöglichen.

Wir sind uns im klaren, daß die Wiederaufforstung der Ödländereien überaus schwierig ist und daß viele Methoden, welche in Tallagen zum Erfolg führen, im Kampfgürtel des Waldes oftmals versagen.

Die Ödlandflächen liegen meist viele Jahrzehnte und oft schon Jahrhunderte kahl und setzen darum der Wiederbewaldung so großen Widerstand entgegen, weil die riesigen Kahlschläge das Klima verschlechtert, die Bodengüte herabgesetzt und das Bodenleben dezimiert haben. Unter den Klimafaktoren hat durch die Entwaldung insbesondere der Windeinfluß zugenommen. Durch den erhöhten Windeinfluß und die ungehinderte Sonneneinstrahlung wurden dem Bodenleben teilweise die Lebensmöglichkeiten genommen, dadurch der Boden verhagert und dicke saure Rohhumusschichten aufgebaut. Da und dort setzte, durch den Weidetritt begünstigt, Winderosion ein und verkarstete weite Gebiete.

Die Wiederbewaldung des von Zwergstrauchheiden besiedelten Ödlandes kann nur dann planmäßig erfolgreich durchgeführt werden, wenn die verschiedenen Zwergstrauchheiden in ihrer Abhängigkeit von Klima, Boden und den Faktoren der lebenden Umwelt erkannt werden; vor allem aber, wenn die Frage geklärt wird, wie diese Heiden entstanden sind.

Gerade durch diese Frage kommen wir zur Überzeugung, daß die vielen Zwergstrauchheiden trotz ähnlichen Aussehens Ausdruck verschiedener Umweltbedingungen sind und daher zu ihrer Wiederbewaldung völlig verschiedene Wege beschritten werden müssen.

Demnach müssen wir erkennen, daß die einzelnen Zwergstrauchheiden trotz ähnlichen Aussehens ebensowenig gleichwertig sind wie z. B. die Zwergsträucher der Bärentraube *(Arctostaphylos-Uva-ursi)*, der Preißelbeere *(Vaccinium Vitis-idaea)* und der Buchsbaumblättrigen Kreuzblume *(Polygala Chamaebuxus)* im blütenlosen Zustand, obwohl alle diese immergrünen Zwergsträucher derselben Grundform angehören.

Heidelbeerheide ist also ebensowenig gleich Heidelbeerheide wie *Calluna*-Heide nicht gleich *Calluna*-Heide ist.

Eine *Calluna*-Heide, welche ein Waldverwüstungsstadium des Bodensauren Eichenwaldes ist, ist etwas ganz anderes als eine *Calluna*-Heide, die Verwüstungsstadium eines Bodenfeuchten Moorbirkenwaldes ist, und diese beiden *Calluna*-Heiden sind wieder etwas ganz anderes als die *Calluna*-Heide als Verwüstungsstadium eines Bodensauren Lärchenwaldes.

Diese Erkenntnis ist darum von so großer Bedeutung, weil die Wiederbewaldung der physiognomisch gleichen Zwergstrauchheiden je nach ihren Umweltbedingungen, vor allem nach ihrem verschiedenen Entwicklungsgang, nach verschiedenen Methoden zu erfolgen hat.

Der einwandfreien Erfassung der verschiedenen Zwergstrauchheiden kommt somit allergrößte Bedeutung zu, weil nur dann Erfahrungen in der Wiederaufforstung so weit verallgemeinert werden können, wie unter demselben Namen auch dasselbe Objekt gemeint ist.

K l i m a t i s c h können wir die Zwergstrauchheiden nicht erfassen, weil in verschiedenen Klimagebieten dieselben Zwergstrauchheiden vorkommen und weil andererseits im gleichen Klimagebiet die verschiedensten Zwergstrauchheiden vertreten sind.

B o d e n k u n d l i c h können wir die Zwergstrauchheiden ebenfalls nicht allein erfassen, weil ja die übrigen Umweltfaktoren mitberücksichtigt werden müssen.

B i o t i s c h können wir die Zwergstrauchheiden auch nicht so einwandfrei erfassen, weil die verschiedenen Eingriffe, wie Streunutzung, Mahd, Brand, Kahlschlag, Niederwaldbetrieb, Weide und andere unter den verschiedenen klimatischen und bodenkundlichen Verhältnissen verschiedene Ergebnisse bringen können.

Wir müssen daher von der Vegetation selbst ausgehen, die die gesamten Umweltverhältnisse am besten erkennen läßt, zumal die Summe der einzeln erfaßten Klima-, Boden- und biotischen Faktoren noch nicht die Gesamtheit der Umwelteinflüsse wiedergibt.

In vorliegender Arbeit versuche ich die verschiedenen Zwergstrauchheiden als Vegetationsentwicklungstypen zu erfassen, indem ich

1. p h y s i o g n o m i s c h - f l o r i s t i s c h alle Zwergstrauchheiden mit gleichem Erscheinungsbild zur selben Obergruppe stelle, also:
   Callunetum vulgaris, Ericetum carneae usw.;

2. ö k o l o g i s c h - f l o r i s t i s c h alle Zwergstrauchheiden der Obergruppen nach ihren Umweltbedingungen zu ökologischen Gruppen ver-

einige, z. B. die *Calluna*-Heiden auf basischer Unterlage in der Unteren
Buchenstufe (Callunetum vulgaris calcicolum der Unteren Rotbuchenstufe): diese *Calluna*-Heide siedelt in einer sauren Rohhumusschicht,
welche den darunter liegenden Kalkrohboden isoliert;

3. s y n g e n e t i s c h - f l o r i s t i s c h die Zwergstrauchheiden innerhalb
der einzelnen Gruppen als Glieder einer Entwicklungsreihe erfasse, z. B.
die *Calluna*-Heide auf silikatischer Unterlage in der Unteren warmen Rotbuchenstufe als Verwüstungsstadium des Bodensauren Eichenwaldes in
Entwicklung zum Rotföhrenwald (Quercetum Roboris acidiferens ↘ CAL-
LUNETUM vulgaris silicicolum ↗ Pinetum silvestris).

Damit erfasse ich also diese *Calluna*-Heide

1. physiognomisch-floristisch
= CALLUNETUM vulgaris,

2. ökologisch-floristisch auf Grund von ökologischen Differenzialarten
= CALLUNETUM vulgaris silicicolum,

3. syngenetisch-floristisch auf Grund von syngenetischen Differenzialarten,
indem ich die *Calluna*-Heide als Bindeglied zwischen den Bodensauren
Eichenwald und den Rotföhrenwald stelle
= Quercetum Roboris acidiferens ↘ CALLUNETUM vulgaris silicicolum ↗ Pinetum silvestris.

Gewiß ist der Name dieser *Calluna*-Heide lang und umständlich, aber
damit habe ich die *Calluna*-Heide in jeder Hinsicht einwandfrei festgestellt
und verhindere, daß mit derselben Bezeichnung verschiedene *Calluna*-Heiden
benannt werden.

Eine Hochmoor-*Calluna*-Heide ist etwas ganz anderes, auch wenn sie sich
ebenfalls zum Rotföhrenwald entwickeln würde (CALLUNETUM vulgaris
turfosum ↗ Pinetum silvestris), schon allein weil hier die Rotföhre einer
anderen Rasse angehören wird.

Auch die *Calluna*-Heide auf silikatischer Unterlage, welche ein Verwüstungsstadium eines subalpinen heidelbeerreichen Fichtenwaldes ist und
sich in sonniger Lage zum Engadiner Rotföhrenwald entwickelt, ist wieder
etwas anderes und müßte auf andere Weise wiederbewaldet werden (Piceetum
myrtillosum ↘ Vaccinietum Myrtilli ↘ CALLUNETUM ↗ Pinetum silvestris engadinensis).

Weitere Beispiele sind aus der Bearbeitung der verschiedenen Heiden zu
ersehen.

Es werden in dieser Arbeit folgende Zwergstrauchheiden gesondert besprochen. Es bringen:

H e f t X I I :

    Die *Calluna*-Heiden
      (CALLUNETUM vulgaris) und
    Die *Erica-carnea*-Heiden
      (ERICETUM carneae).

Die Calluna-Heiden als Vegetationsentwicklungstypen

Von Erwin Aichinger

Die Zwergstrauch-Heiden des Heidekrautes *(Calluna vulgaris)* siedeln vom Meeresstrande bis in die Untere Alpenstufe mit ähnlichem physiognomischem Aufbau. Sie stehen auf allen möglichen Mineralböden und Moorböden in Beziehung zu mancherlei Zwergstrauch-Heiden, Buschwäldern und hochstämmigen Waldgesellschaften. Auf basischer Unterlage (Kalk, Dolomit, Serpentin) treffen wir diese allerdings nur dann an, wenn eine saure Auflageschicht den darunter liegenden basischen Rohboden isoliert.

Während man sich sowohl im Sinne der Charakterartenlehre B r a u n - B l a n q u e t s als auch im Sinne der fenno-skandinavischen Schulen im klaren ist, daß wir uns nicht einseitig vom physiognomischen Aufbau leiten lassen dürfen und daher nicht alle von der *Calluna*-Heide beherrschten Zwergstrauch-Heiden zu einer Pflanzengesellschaft stellen dürfen, spricht die land- und forstwirtschaftliche Praxis der Alpenländer vielfach nur von der *Calluna*-Heide.

Im Interesse der land- und forstwirtschaftlichen Praxis müssen wir aber die verschiedenen *Calluna*-Heiden so unterscheiden, daß unter demselben Namen auch immer dasselbe Objekt verstanden wird; denn wir können z. B. nicht mit der gleichen Methode alle *Calluna*-Heiden in Wiesen oder Weiden überführen bzw. bewalden. Diese Kulturmaßnahmen gewinnen aber in zunehmendem Maße schon darum an Bedeutung, weil wir unsere wachsende Bevölkerung ernähren und unsere Holzvorräte ergänzen müssen.

Die *Calluna*-Heiden stellen an das luftfeuchte, ausgeglichene Klima erheblich größere Ansprüche als *Loiseleuria* und *Empetrum*. Diesem ökologischen Verhalten ist es zuzuschreiben, daß die *Calluna*-Heide in der alpinen Stufe um so schneebedürftiger ist, je kontinentaler das Klima ist. Ich vermute, daß dieses Verhalten mit der Kontinuität der Wasserversorgung zusammenhängt; denn die *Calluna*-Heide geht auf feuchten Böden viel tiefer ins kontinentale Klimagebiet, ebenso dort, wo ihr durch Schnee oder Überschirmung durch Strauch- oder Baumschicht ein hinreichender Verdunstungsschutz geboten wird. Im atlantischen Klimagebiete der Heidegebiete Norddeutschlands gedeiht die *Calluna*-Heide lebenskräftig in Freilage. „Erheblich abweichend gestaltet ist", wie P. G r a e b n e r 1925 aufzeigt, „schon ein Teil der *Calluna*-Bestände in der Provinz Brandenburg, auch in Pommern und Westpreußen in einiger Entfernung von der Küste. Hier macht sich im allgemeinen schon die Tendenz der *Calluna* bemerkbar, sich in den Schutz der Bäume zurückzuziehen. Die Mehrzahl reiner *Calluna*-Bestände findet sich hier im Schatten hoher Kiefern. Es gibt allerdings auch hier noch echte offene *Calluna*-Heiden, hin und wieder sogar solche, die denen der eigentlichen Heidegebiete gleichen, nur daß meist der Ortstein fehlt. Die meisten der besonders auf Talsand, mitunter aber auch auf hügeligem Gelände entwickelten *Calluna*-Bestände unterscheiden sich aber von den meisten in den echten Heidegebieten entwickelten durch eine schwächere oder fast ganz fehlende Humusdecke.

Dafür ist indessen meist der Sand merklich feinkörniger und vor allen Dingen dichter. Wird jedoch die Feinkörnigkeit bzw. Dichtigkeit so groß, daß der Sand fest verklebt (Flottlehm usw.), so verschwindet der Typus sofort und macht dann in den trockeneren Gebieten meist einer Flechtenheide Platz.

Noch weiter nach dem Südosten zu, z. B. bereits im größten Teile der Provinz Posen, scheint *Calluna* in der Ebene in offenen Beständen nur ausnahmsweise vorzukommen. Fast stets sehen wir das Heidekraut sich hier in Wälder zurückziehen. Es scheint, wie bereits oben bemerkt, als ob die trockene Hitze der kontinentalen Sommer ihm das Gedeihen ohne Schutz unmöglich macht, wie sich ja überhaupt fast alle Heidepflanzen gegen dürre Luft sehr empfindlich zeigen. Im heißen Sommer 1904 verbrannte Heidekraut ohne Schutz sogar bei Berlin."

H. S t e f f e n zeigt ebenfalls auf: „In Ostpreußen kommt das Heidekraut — abgesehen vom Hochmoor — nur im Schutze des Waldes fort. Zur Bildung eigentlicher Heiden ist das Klima im allgemeinen schon zu kontinental, und nur im äußersten Norden der Provinz, in den jetzt abgetretenen Kreisen Memel und Heydekrug, kommt es noch dazu. Da *Calluna vulgaris* auch eine ausgesprochen lichtbedürftige Pflanze ist, kann ihr nur der Kiefern- und Birkenwald geeignete Lebensbedingungen bieten, und da schon mäßig große Birkenbestände bei uns zu den Seltenheiten gehören, kommt praktisch nur eine Verbindung der Kiefer mit dem Callunetum in Frage."

R o l f N o r d h a g e n schreibt auch in seiner Sylene-Monographie: „Im kontinentalen nördlichen Skandinavien tritt das Heidekraut normal nur unterhalb der Baumgrenze, vielfach sogar unterhalb der Nadelwaldgrenze, in den maritimen Gebieten dagegen auch in der alpinen Region auf. In Troldheimen steigt es z. B. bedeutend höher als im Sylene-Gebiet".

Im Sinne der Charakterarten gehören die *Calluna*-Heiden zu allen möglichen Pflanzengesellschaften.

So stellt z. B. B r a u n - B l a n q u e t in seiner Arbeit über die Pflanzengesellschaften Rätiens einen Teil der *Calluna*-Heiden zum Arctostaphyletum callunetosum und schreibt darüber: „An flacheren Stellen und in den luftfeuchteren Gebieten treten *Arctostaphylos Uva-ursi* und *Juniperus nana* zurück und *Calluna vulgaris* wird herrschend. Die *Calluna*-Subassoziation ersetzt in den Außenketten und im Vorder-Rheingebiet auf weite Strecken die typische Ausbildung der Assoziation (Junipereto-Arctostaphyletum H a f f t e r 1939)."

Im Sinne der fenno-skandinavischen Schule unterscheidet z. B. H. O s v a l d in seiner Arbeit über die Vegetation des Hochmoores Komosse alle möglichen Pflanzengesellschaften, in denen *Calluna* herrschend hervortritt.

So z. B. in N a c k t e n Z w e r g s t r a u c h - L a u b w ä l d e r n die *Betula pubescens - Calluna vulgaris* - Ass.

In m o o s r e i c h e n Z w e r g s t r a u c h - L a u b w ä l d e r n die *Betula pubescens - Calluna vulgaris - Hylocomium parietinum - proliferum* - Ass.

In T o r f m o o s - r e i c h e n Z w e r g s t r a u c h - L a u b w ä l d e r n die *Betula pubescens - Calluna vulgaris - Sphagnum acutifolium* - Ass.

In N a c k t e n Z w e r g s t r a u c h - N a d e l w ä l d e r n die *Pinus silvestris - Calluna vulgaris* - Ass.

In moosreichen Zwergstrauch-Nadelwäldern die *Pinus silvestris - Calluna vulgaris - Hylocomium parietinum - proliferum* - Ass.

In Torfmoos-reichen Zwergstrauch-Nadelwäldern die *Pinus silvestris - Calluna vulgaris - Sphagnum angustifolium* - Ass.

In Flechten-reichen Zwergstrauchgesellschaften die *Calluna vulgaris - Cladonia rangiferina - silvatica* - Ass.

In den Nackten Zwergstrauchgesellschaften die *Calluna vulgaris* - Ass.

In den moosreichen Zwergstrauchgesellschaften die *Calluna vulgaris - Grimmia hypnoides* - Ass. und die *Calluna vulgaris - Hylocomium parietinum* - Ass.

In den Torfmoos-reichen Zwergstrauchgesellschaften die *Calluna vulgaris - Sphagnum magellanicum* - Ass., die *Calluna vulgaris - Sphagnum fuscum* - Ass., die *Calluna vulgaris - Sphagnum tenellum* - Ass., die *Calluna vulgaris - Sphagnum angustifolium* - Ass., die *Calluna vulgaris - Sphagnum imbricatum* - Ass.

Leider treffen wir dieselben Assoziationen im Sinne Hugo Osvalds sowohl auf mehr oder weniger trockenen Moränenböden wie auch auf Moorböden, weshalb die landwirtschaftliche Auswertung auf Schwierigkeiten stößt.

So treffen wir in der *Betula alba - Calluna vulgaris - Hylocomium parietinum - proliferum* - Ass., die H. Osvald am 22. Juni 1918 in Mörkö ängaskog aufgenommen hat (Nr. 1) auf feuchten anmoorigen Böden *Salix aurita, Comarum palustre, Equisetum limosum, Equisetum silvaticum, Carex Goodenovii* (= *C. fusca*), *Juncus conglomeratus, Polytrichum commune*, während wir in derselben Assoziation, die er am 12. September in Björkö auf Moränenboden aufgenommen hat (Nr. 2), keine einzige der bodenfeuchten Arten vorfinden.

Die floristische Zusammensetzung dieser beiden Assoziationen ist folgende:

	1	2
Betula alba (= B. pubescens)	4	4
Calluna vulgaris	3	5
Vaccinium Vitis-idaea	1	1
Salix aurita	2	—
Vaccinium uliginosum	2	—
Empetrum nigrum	1	—
Juniperus communis	1	—
Sorbus aucuparia	1	—
Vaccinium Myrtillus	1	—
Comarum palustre	1	—
Equisetum limosum	1	—
Equisetum silvaticum	1	—
Eupteris aquilina (= *Pteridium aquilinum*)	—	1
Majanthemum bifolium	1	—
Melampyrum pratense	1	—
Potentilla erecta	1	—
Trientalis europaea	1	—
Anthoxanthum odoratum	1	—
Carex Goodenovii	1	—
Deschampsia flexuosa	—	1

	1	2
Festuca rubra	1	—
Juncus conglomeratus	1	—
Nardus stricta	1	—
Hylocomium parietinum (= Pleurozium Schreberi)	3	4
Hylocomium proliferum (= H. splendens)	3	4
Dicranum scoparium	1	1
Dicranum undulatum	—	2
Ptilium crista-castrensis	—	2
Sphagnum angustifolium	2	—
Dicranum majus	—	1
Dicranum spurium	—	1
Polytrichum commune	1	—
Polytrichum strictum	1	—
Sphaerocephalus palustris	1	—
Cladonia pyxidata v. chlorophaea	—	1

Vom ökologisch-syngenetischen Gesichtspunkt aus dürfen wir diese beiden Bestände nicht in einer Assoziation zusammenfassen. Im Sinne meiner Vegetationsentwicklungstypen gehören diese beiden Bestände sogar zu verschiedenen ökologischen Gruppen und zwar der Bestand von Mörkö ängaskog zum

„Betuletum callunosum paludosum turfosum"

und der Bestand von Björkö zum

„Betuletum callunosum silicicolum".

Dazu kommt, daß sich der Bestand von Mörkö ängaskog, wie auch H. Osvald aufzeigt, vermutlich über ein Grasmoor heraufentwickelt hat, während sich der Bestand von Björkö über eine Zwergstrauch-Heide heraufentwickelte.

Im Interesse land- und forstwirtschaftlicher Auswertung müssen wir diese beiden Bestände aus ökologischen und syngenetischen Gründen trennen; denn die Bodenverbesserung müßte in beiden Beständen andere Wege beschreiten.

Diese Ausführungen sollen nicht der Kritik dienen, sondern aufzeigen, warum ich aus ökologisch-syngenetischen Gründen die *Calluna*-Heiden nicht nur auf Grund konstant vorkommender Dominanten fasse, sondern ihre Umwelt und Vegetationsentwicklung mitberücksichtige.

Wird der *Betula pubescens*-Wald geschlagen, so erhalten wir eine *Calluna*-Heide als Waldverwüstungsstadium und zwar im Bestand von Mörkö ängaskog ein

„Betuletum pubescentis ⟍ CALLUNETUM paludosum turfosum"

des anmoorigen Bodens und im Bestand von Björkö ein

„Betuletum pubescentis ⟍ CALLUNETUM silicicolum".

Hugo Osvald hat ja diese Untersuchungen schon vor 30 Jahren gemacht und es hat ihm diese Fassung schon damals nicht sehr zugesagt.

So untersuchte er am 12. und 13. September 1918 zwei Bestände, welche er auf Grund konstant vorkommender Dominanten der „*Calluna vulgaris - Hylo-*

comium parietinum - Ass." zuteilt: den einen Bestand vom nördlichen Teil einer Moräne Storö im Trehörnasjö (Nr. 1) und den anderen Bestand vom westlichen Ufer des Päasjö vom Moorrand (Nr. 2). Es folgt hier ihr floristischer Aufbau:

	1	2
Calluna vulgaris	5	4+
Empetrum nigrum	1+	2
Vaccinium Vitis-idaea	2	—
Vaccinium Myrtillus	1	—
Andromeda polifolia	—	1
Oxycoccus palustris	—	1
Eriophorum vaginatum	—	1
Deschampsia flexuosa	1	—
Scirpus austriacus (= Trichophorum austriacum)	—	2
Hylocomium parietinum (= Pleurozium Schreberi)	5	5
Hylocomium proliferum (= H. splendens)	4	—
Dicranum Bergeri	—	1
Dicranum congestum	—	1
Dicranum scoparium	—	1
Jungermannia gracilis	—	1
Pohlia nutans	—	1
Sphagnum magellanicum	—	1
Sphagnum papillosum	—	1
Cladonia silvatica	1	—

H. O s v a l d kommt selbst zur Überzeugung, „daß diese beiden Aufnahmen zwei verschiedenen Varianten angehören, die sich auch als verschiedene Assoziationen hätten beschreiben lassen. Die Verschiedenheit zwischen ihnen hat ihren Grund teilweise in den ökologischen Faktoren des Standortes und teilweise in ihrer verschiedenen Entwicklung." Damit kommt O s v a l d zur selben Überzeugung.

Man sollte nicht zwei Bestände, auch wenn diese dieselben konstant vorkommenden Dominanten besitzen, zur selben Assoziation stellen, wenn sie eine verschiedene Ökologie und eine verschiedene Entwicklung besitzen; denn zur Assoziation gehören nicht nur dieselbe Physiognomie und dieselben konstant vorkommenden Dominanten, sondern auch der ganze floristische Aufbau, seine ganze Umwelt und die ihr innewohnende Entwicklungsrichtung. Aus diesen Überlegungen bin ich zur Fassung meiner Vegetationsentwicklungstypen gekommen.

Nach diesen stelle ich beide Bestände zur physiognomisch-floristisch gefaßten

O b e r g r u p p e : CALLUNETUM.

Innerhalb dieser stelle ich den Bestand von Storö im Trehörnasjö des Moränenbodens zur ökologisch-floristischen

Gruppe: CALLUNETUM silicicolum

und den Bestand vom westlichen Ufer des Paasjö vom Moorrand zur ökologischen

Gruppe: CALLUNETUM paludosum turfosum

mit den Gruppendifferenzialarten: *Trichophorum austriacum, Oxycoccus palustris, Eriophorum vaginatum, Sphagnum magellanicum, Sphagnum papillosum.*

Auch H. O s v a l d zeigt auf, daß die Variante (Nr. 2) aus den Sukzessionsserien des Moores hervorgegangen ist.

Innerhalb dieser Gruppe stelle ich den Bestand Nr. 1 zum Untertyp
„CALLUNETUM silicicolum hylocomiosum parietini-proliferi"
und den des Bestandes Nr. 2 zum Untertyp
„CALLUNETUM paludosum turfosum hylocomiosum parietini".

Im Sinne meiner Vegetationsentwicklungstypen müßte ich noch die beiden Bestände als Glied einer Sukzessionsreihe darstellen. Leider kann ich dies auf Grund der Aufnahme H. O s v a l d s nicht vornehmen.

Damit glaube ich gezeigt zu haben, wie ich die verschiedenen *Calluna*-Heiden als Ausdruck ihres floristischen Aufbaues, ihrer Umwelt und Entwicklung sehe.

Demnach bringe ich diese in folgender Reihenfolge:

I. Die *Calluna*-Heiden der Silikatböden,
CALLUNETUM silicicolum.

   A. Die primären *Calluna*-Heiden der Silikatböden,
     ↗ CALLUNETUM silicicolum.

   B. Die sekundären *Calluna*-Heiden der Silikatböden,
     ↘ CALLUNETUM silicicolum sec.

II. Die *Calluna*-Heiden basischer Bodenunterlage,
CALLUNETUM calcicolum.

   Die sekundären *Calluna*-Heiden über basischer Bodenunterlage,
   ↘ CALLUNETUM calcicolum sec.

III. Die *Calluna*-Heiden silikatisch-basischer Mischböden,
CALLUNETUM silicicolum + calcicolum.

   A. Die primären *Calluna*-Heiden silikatisch-basischer Mischböden,
     ↗ CALLUNETUM silicicolum + calcicolum.

   B. Die sekundären *Calluna*-Heiden silikatisch-basischer Mischböden,
     ↘ CALLUNETUM silicicolum + calcicolum sec.

IV. Die *Calluna*-Heiden anmooriger Böden,
CALLUNETUM paludosum turfosum.

   A. Die primären *Calluna*-Heiden anmooriger Böden,
     ↗ CALLUNETUM paludosum turfosum.

B. Die sekundären *Calluna*-Heiden anmooriger Böden,
↘ CALLUNETUM paludosum turfosum sec.

V. Die *Calluna*-Heiden der Hochmoorböden,
CALLUNETUM turfosum.

A. Die primären *Calluna*-Heiden der Hochmoorböden,
↗ CALLUNETUM turfosum.

B. Die sekundären *Calluna*-Heiden der Hochmoorböden,
↘ CALLUNETUM turfosum sec.

I. Gruppe:

Die *Calluna*-Heiden der Silikatböden,
CALLUNETUM silicicolum.

A. Die primären *Calluna*-Heiden der Silikatböden,
↗ CALLUNETUM silicicolum.

Diese primären *Calluna*-Heiden treffen wir besonders in luftfeuchten, mehr oder weniger frostfreien Klimagebieten auf silikatischen Sanden und Felsen. Darum treffen wir die *Calluna*-Heiden besonders im atlantischen luftfeuchten Klimagebiet, während sie in Ostpreußen — abgesehen vom Hochmoor — nur im Schutze des Waldes fortkommen. So schreibt S t e f f e n in seiner Vegetationskunde Ostpreußens: „Zur Bildung eigentlicher Heiden ist das Klima im allgemeinen schon zu kontinental, und nur im äußersten Norden der Provinz, in den jetzt abgetretenen Kreisen Memel und Heydekrug, kommt es noch dazu".

B. Die sekundären *Calluna*-Heiden der Silikatböden,
↘ CALLUNETUM silicicolum sec.

1. Die sekundären *Calluna*-Heiden der Silikatböden als Verwüstungsstadium hochstämmiger Wälder.

Die sekundären *Calluna*-Heiden der mehr oder weniger trockenen quarzitischen Böden bilden neben den *Calluna*-Heiden der Hochmoorböden die Mehrzahl der *Calluna*-Heiden.

Im folgenden bringe ich sekundäre *Calluna*-Heiden der Silikatböden als Verwüstungsstadium verschiedener Laubwälder, Nadelwälder, Zwergstrauch-Heiden und zeige die Beziehungen der *Calluna*-Heiden zum Bürstlingrasen und Buntschwingelrasen auf.

Aus der Fülle verschiedenster Beziehungen werden nur solche Beispiele herausgegriffen, welche große praktische Bedeutung besitzen.

Die *Calluna*-Heiden als Verwüstungsstadien
verschiedener Laubwälder.

1. Die *Calluna*-Heiden als Verwüstungsstadien verschiedener Birkenwälder

a) Betuletum pubescentis ↘ CALLUNETUM silicicolum sec.
b) Betuletum verrucosae ↘ CALLUNETUM silicicolum sec.

Da die Birkenwälder in den luftfeuchten skandinavischen Ländern eine viel größere Verbreitung besitzen als in Mitteleuropa, bringe ich Beispiele aus diesen Ländern.

R o l f N o r d h a g e n beschrieb 1928 in seiner pflanzensoziologischen Monographie „Die Vegetation und Flora des Sylenegebietes" einen *Calluna*-reichen Birkenwald mit folgendem floristischem Aufbau:

B a u m s c h i c h t :

Betula odorata (= B. pu-	
bescens)	5
Juniperus communis	1

Z w e r g s t r a u c h s c h i c h t :

Calluna vulgaris	5
Vaccinium Vitis-idaea	3
Vaccinium Myrtillus	2
Vaccinium uliginosum	1
Empetrum nigrum	1

N i e d e r w u c h s :

Deschampsia flexuosa	1
Melampyrum pratense	1

M o o s s c h i c h t :

Dicranum scoparium	1
Brachythecium reflexum	1
Hylocomium Schreberi	
(= Pleurozium Schreberi)	1
Hylocomium splendens	1
Lophozia lycopodioides	1
Cladonia rangiferina	1
Cladonia silvatica	1
Cladonia deformis	1
Cladonia gracilis	1
Cladonia pyxidata	1

Wird dieser Birkenwald wieder geschlagen, so erhalten wir eine *Calluna*-Heide

„Betuletum odoratae ⟍ CALLUNETUM silicicolum".

R o l f N o r d h a g e n zeigt auf, daß in 20 *Calluna*-reichen Birkenwäldern folgende Arten konstant sind: *Betula odorata (= B. pubescens), Calluna vulgaris, Empetrum nigrum, Vaccinium Myrtillus, Vaccinium Vitis-idaea, Deschampsia flexuosa, Melampyrum pratense, Dicranum scoparium, Hylocomium Schreberi (= Pleurozium Schreberi), Lophozia lycopodioides, Cladonia silvatica, Cladonia bellidiflora, Cladonia gracilis, Cladonia pyxidata.*

H. O s v a l d untersuchte, wie wir in der Einteilung aufgezeigt haben, am 12. September 1918 in Björkö einen *Calluna*-reichen Birkenwald, den er zur *Betula alba - Calluna vulgaris - Hylocomium parietinum - proliferum -* Ass., zum moosreichen *Calluna*-Birkenwald, stellt.

Wie aus dem floristischen Aufbau hervorgeht, besitzt dieser *Calluna*-reiche Birkenwald keine einzige Art, welche einen feuchten Boden erkennen läßt.

Wir haben im Sinne meiner Auffassung einen *Calluna*-reichen Birkenwald vor uns, den ich zur Gruppe „Betuletum silicicolum" stelle.

Wird nun dieser Birkenwald niedergeschlagen, so erhalten wir eine *Calluna*-Heide, die ich im Sinne meiner Vegetationsentwicklungstypen zum

„Betuletum pubescentis callunosum hylocomiosum ⟍ CALLUNETUM silicicolum ⟋ Betuletum"

stelle; also zu einer *Calluna*-Heide, welche ein Waldverwüstungsstadium eines *Betula pubescens*-Waldes ist und sich wieder zu diesem Walde entwickeln würde.

2. Die *Calluna*-Heide als Verwüstungsstadium des Bodensauren Kastanienwaldes,
(Castaneetum sativae ↘ CALLUNETUM).

J. H o r v a t untersuchte in Kroatien auf einem 25 bis 35⁰ SSO-Hang in 360 m Seehöhe auf silikatischem Boden ein Castaneetum sativae, welches infolge waldverwüstender Eingriffe, insbesondere Streunutzung, seinen Nährstoffhaushalt verloren hat und reich an *Vaccinium Myrtillus* und *Calluna vulgaris* geworden ist.

Wird dieses Castaneetum sativae geschlagen, so verliert *Vaccinium Myrtillus* in der zurückbleibenden *Vaccinium Myrtillus - Calluna vulgaris* - Heide seine Lebenskraft und *Calluna vulgaris* gelangt zur Vorherrschaft. Diese *Calluna vulgaris*-Heide stelle ich im Sinne meiner Vegetationsentwicklungstypen zum

„Castaneetum sativae callunosum myrtillosum ↘ CALLUNETUM vulgaris".

Ein solcher von J. H o r v a t beschriebener *Castanea sativa*-Wald zeigt folgenden floristischen Aufbau:

B a u m s c h i c h t :

Castanea sativa	4.3

S t r a u c h s c h i c h t :

Castanea sativa	3.3
Carpinus Betulus	+
Pirus Piraster	+
Corylus Avellana	+
Juniperus communis	+
Crataegus sp.	+
Rosa arvensis	+
Berberis vulgaris	+

K r a u t s c h i c h t :

Calluna vulgaris	3.4
Vaccinium Myrtillus	3.4
Luzula albida	2.2
Genista germanica	2.1
Luzula campestris	2.1
Hieracium silvaticum	2.1
Cytisus supinus	1.3
Potentilla erecta	1.2
Luzula Forsteri	1.2
Anthoxanthum odoratum	1.2
Melampyrum vulgatum	1.1
Genista tinctoria	1.1
Pteridium aquilinum	1.1
Galium vernum	1.1
Ajuga reptans	1.1
Festuca heterophylla	+.2
Veronica officinalis	+
Hieracium umbellatum	+
Viola Riviniana	+
Polypodium vulgare	+
Polygala vulgaris	+
Castanea sativa	+
Gentiana asclepiadea	+
Aposeris foetida	+
Thymus „Serpyllum" s. l.	+

M o o s s c h i c h t :

Hypnum cupressiforme	2.3
Polytrichum formosum	1.3
Thuidium delicatulum	1.1
Dicranum scoparium	+.3

Dieser Einzelbestand wird von J. H o r v a t auf Grund der Charakterarten: *Castanea sativa, Genista germanica, Genista tinctoria, Luzula Forsteri, Melampyrum vulgatum, Hieracium umbellatum* zum „Querceto - Castanetum croaticum" gestellt und die daraus degradierte *Calluna*-Heide zum „Calluneto-Genistetum Horvat 1931".

In dieser kommen insbesondere vor: *Genista tinctoria, Genista germanica, Hieracium umbellatum, Lathyrus montanus, Luzula Forsteri, Polypodium vulgare, Carex pilulifera, Teucrium Scorodonia, Agrostis tenuis, Veronica officinalis, Pteridium aquilinum.*

Ich vermute, daß in der *Calluna*-Heide wieder der *Castanea sativa*-Ausschlagwald aufkommen wird, denn schon in der Strauchschicht des *Castanea sativa*-Waldes kommt diese Holzart reichlich vor.

Ich stelle daher diese *Calluna*-Heide zum

Castaneetum sativae myrtillosum callunosum ↘ CALLUNETUM vulgaris ↗ Castaneetum regerminatum"

oder im Sinne der Assoziationsbezeichnungen H o r v a t s zum

Querceto - Castaneetum croaticum ↘ CALLUNETO - GENISTETUM H o r v a t 1931 ↗ Querceto - Castaneetum croaticum".

In ökologischer Hinsicht ist besonders bezeichnend, daß dieser Bestand im Unterboden einen guten Wasserhaushalt besitzt, was aus dem Auftreten von *Pteridium aquilinum* erkenntlich ist, und ungeregelt beweidet wird, was aus dem Auftreten von *Juniperus communis* und *Berberis vulgaris* hervorgeht.

3. D i e *C a l l u n a* - H e i d e a l s V e r w ü s t u n g s s t a d i u m d e s
   B o d e n s a u r e n S t i e l e i c h e n w a l d e s,
   (Quercetum Roboris silicicolum ↘ CALLUNETUM).

a) T r o c k e n e A u s b i l d u n g :

Eine solche *Calluna*-Heide konnte ich westlich Krumpendorf am Wörther See in Kärnten bei den Gletschertöpfen in 520 m Seehöhe in ebener Lage untersuchen:

F l o r i s t i s c h e r A u f b a u :

Calluna vulgaris	5.5	*Luzula albida*	+
Vaccinium Myrtillus	2.2	*Salix caprea*	+
Vaccinium Vitis-idaea	2.2	*Deschampsia flexuosa*	+
Genista sagittalis	2.2	*Picea excelsa*	+
Potentilla erecta	2.1	*Polygala Chamaebuxus*	+
Genista tinctoria	1.2	*Agrostis tenuis*	+
Melampyrum pratense	1.1	*Sorbus aucuparia*	+
Quercus Robur	1.1		
Luzula multiflora	1.1	M o o s s c h i c h t :	
Pinus silvestris	1.1	*Pleurozium Schreberi*	3.5
Pteridium aquilinum	1.1	*Hylocomium splendens*	2.2
Cytisus supinus	+.2	*Scleropodium purum*	2.2
Sieglingia decumbens	+.2	*Polytrichum formosum*	2.2
Anthoxanthum odoratum	+.2	*Dicranum undulatum*	2.2
Luzula pilosa	+	*Rhytidiadelphus triquetrus*	1.2

Aus vergleichenden Untersuchungen erfahren wir, daß diese *Calluna*-Heide ein Waldverwüstungsstadium eines streugenutzten heidelbeerreichen Eichenniederwaldes ist und sich über einen Birken-Rotföhrenwald bewalden wird.

Ich stelle daher diese *Calluna*-Heide zum

„Pineto silvestris - Quercetum Roboris myrtillosum ↘ Vaccinietum Myrtilli ↘ CALLUNETUM ↗ Betuleto pendulae - Pinetum silvestris".

Bezeichnend für diese *Calluna*-Heide ist, daß sie im Untergrund einen guten Wasserhaushalt besitzt, was aus dem Auftreten von Adlerfarn *(Pteridium aquilinum)* ersichtlich ist.

Die wirtschaftlichen Folgerungen für diese *Calluna*-Heide sind dieselben, wie ich sie auf Seite 23 aufgezeigt habe.

Eine solche, besonders artenreiche *Calluna*-Heide untersuchte ich nordwestlich von Villach am Südhang des Wollanig in ebener bis schwach Süd geneigter Lage in 1150 m Seehöhe.

Der floristische Aufbau zeigt folgendes Bild:

Calluna vulgaris	5.5	*Carlina acaulis*	+!
Genista sagittalis	3.2	*Thymus „Serpyllum“* s. l.	+
Vaccinium Myrtillus	2.2	*Veronica officinalis*	+
Vaccinium Vitis-idaea	2.2	*Brachypodium pinnatum*	+
Juniperus communis	2.2	*Helianthemum ovatum*	+
Potentilla erecta	2.1	*Peucedanum Oreoselinum*	+
Polygala Chamaebuxus	1.2	*Sieglingia decumbens*	+
Agrostis tenuis	1.2	*Picea excelsa*	+
Genista germanica	1.2	*Festuca rubra*	+
Melampyrum pratense	1.1	*Campanula rotundifolia*	+
Pteridium aquilinum	1.1	*Carex pilulifera*	+
Lathyrus montanus	1.1	*Briza media*	+
Galium vernum	1.1	*Betula verrucosa*	+
Veronica Chamaedrys	1.1	*Potentilla pusilla*	+
Luzula albida	+.2		
Antennaria dioica	+.2	Moosschicht:	
Nardus stricta	+.2		
Euphorbia Cyparissias	+	*Pleurozium Schreberi*	5.5
Viola silvestris	+	*Rhytidiadelphus trique-*	
Achillea Millefolium	+	*trus*	+.2
		Hylocomium splendens	+

Daraus ersehen wir:

1. Diese *Calluna*-Heide ist ein Waldverwüstungsstadium des mit dem Bodensauren Stieleichenwald in Beziehung stehenden Rotföhrenwaldes mit den Unterscheidungsarten: *Melampyrum pratense, Lathyrus montanus, Genista germanica.*

2. Der Oberboden dieser *Calluna*-Heide ist sehr trocken. Dafür sprechen die Arten:

Polygala Chamaebuxus,   *Sieglingia decumbens,*
Thymus „Serpyllum“ s. l.,   *Carex pilulifera,*
Helianthemum ovatum,   *Potentilla pusilla.*
Peucedanum Oreoselinum,

3. Der Bestand wird ungeregelt beweidet. Dafür sprechen die Arten:

Juniperus communis,   *Thymus „Serpyllum“* s. l.,
Genista sagittalis,   *Sieglingia decumbens,*
Carlina acaulis,   *Carex pilulifera.*
Nardus stricta,

4. Der Unterboden besitzt einen ganz guten Wasserhaushalt. Dafür spricht vor allem *Pteridium aquilinum.*

5. Der *Calluna*-Heide-Bestand besitzt Kleinstandorte mit günstigeren Bodenverhältnissen. Dafür sprechen die Arten: *Galium vernum, Veronica Chamaedrys, Viola silvestris.*

Wir haben es hier also mit einer ungeregelt beweideten *Calluna*-Heide zu tun, welche ein Waldverwüstungsstadium des mit dem Bodensauren Eichenwald in Beziehung stehenden Rotföhrenwaldes ist und bei Anhalten der Weideraubwirtschaft zum Bürstlingrasen degradiert wird (Quercetum Roboris acidiferens ⟍ CALLUNETUM nardetosum ⟍ Nardetum).

Aus vergleichenden Untersuchungen müssen wir annehmen, daß sich bei pfleglicher Wirtschaft ein Birkenwald einstellt, welcher der Rotföhre und der Stieleiche Lebensbedingungen bietet und sich über einen Eichen-Hainbuchenwald zum Rotbuchen-Tannenwald entwickeln würde.

Was können wir nun tun, um die Bodenverbesserung zu beschleunigen?

1. Wir müssen die Weideraubwirtschaft sofort einstellen;
2. einen Vorbau von Birke *(Betula verrucosa)* vornehmen;
3. der Rotföhrenanbau ist dem der Fichte unbedingt vorzuziehen;
4. Reisigdeckung, Lupinenanbau, Bodenkalkung würden den Bodenzustand auf jeden Fall heben.

Einen anderen *Calluna*-Heide-Bestand konnte ich am Deutschberg ober dem Ossiacher See in 1000 m Seehöhe auf einem 20° Süd geneigten Hang untersuchen.

Floristischer Aufbau:

Calluna vulgaris	5.5	*Centaurea Jacea*	+
Cytisus supinus	2.2	*Betonica officinalis*	+
Genista sagittalis	1.2	*Prunella grandiflora*	+
Globularia elongata	1.2	*Carlina acaulis*	+
Melampyrum pratense	1.2	*Jasione montana*	+
Peucedanum Oreoselinum	1.2	*Silene rupestris*	+
Agrostis tenuis	1.2	*Hieracium umbellatum*	+
Thymus „Serpyllum" s. l.	1.2	*Trifolium medium*	+
Festuca pseudovina	1.2	*Trifolium montanum*	+
Quercus Robur	1.1	*Trifolium campestre*	+
Hieracium Pilosella	1.1	*Campanula rotundifolia*	+
Potentilla erecta	1.1	*Campanula barbata*	+
Plantago lanceolata	1.1	*Anthericum ramosum*	+
Euphrasia Rostkoviniana	1.1	*Potentilla rupestris*	+
Viscaria vulgaris	+.2	*Hypericum maculatum*	+
Helianthemum ovatum	+.2	*Centaurea Scabiosa*	+
Silene Cucubalus	+.2		
Dianthus Carthusianorum	+.2	Moosschicht:	
Sieglingia decumbens	+.2	*Polytrichum formosum*	1.2
Sedum maximum	+.1	*Pleurozium Schreberi*	1.2
Polygonatum officinale	+	*Thuidium abietinum*	+
Cynanchum Vincetoxicum	+	*Rhacomitrium canescens*	+.2
Vaccinium Myrtillus	+		

Aus dem floristischen Aufbau erkennen wir klar, daß diese *Calluna*-Heide

1. mit dem Eichenwald in Beziehung steht, dafür sprechen die Arten:

Quercus Robur,　　　　　　　　*Hieracium umbellatum,*
Melampyrum pratense,　　　　　*Jasione montana,*
Betonica officinalis,

2. einen sauren Oberboden besitzt; dafür sprechen die Arten:

Calluna vulgaris,　　　　　　　　*Jasione montana;*
Genista sagittalis,　　　　　　　*Hieracium umbellatum,*
Vaccinium Myrtillus,　　　　　　*Dianthus Carthusianorum,*
Potentilla erecta,　　　　　　　　*Sieglingia decumbens,*
Betonica officinalis,　　　　　　*Silene rupestris,*
Viscaria vulgaris,　　　　　　　*Campanula barbata;*

3. sich zum Trockenrasen entwickelt; dafür sprechen die Arten:

Peucedanum Oreoselinum,　　　*Helianthemum ovatum,*
Viscaria vulgaris,　　　　　　　*Jasione montana,*
Agrostis tenuis,　　　　　　　　*Thymus „Serpyllum" s. l.*
Festuca pseudovina,　　　　　　*Trifolium campestre*
Silene rupestris,　　　　　　　　*Anthericum ramosum,*
Dianthus Carthusianorum,　　　*Potentilla rupestris,*
Centaurea Scabiosa,　　　　　　*Thuidium abietinum,*
Globularia elongata,　　　　　　*Rhacomitrium canescens.*

Wir haben eine *Calluna*-Heide vor uns, welche durch Kahlschlag des
Bodensauren Stieleichenausschlagwaldes entstanden ist und sich durch Mahd
zum Trockenrasen entwickelt (Quercetum Roboris acidiferens ⬂ CALLU
NETUM ⬂ Festucetum pseudovinae).

Würde diese *Calluna*-Heide der Weideraubwirtschaft unterliegen, so würde
sie sich zum Bürstlingrasen entwickeln, wie folgende schematische Darstellung
zeigt:

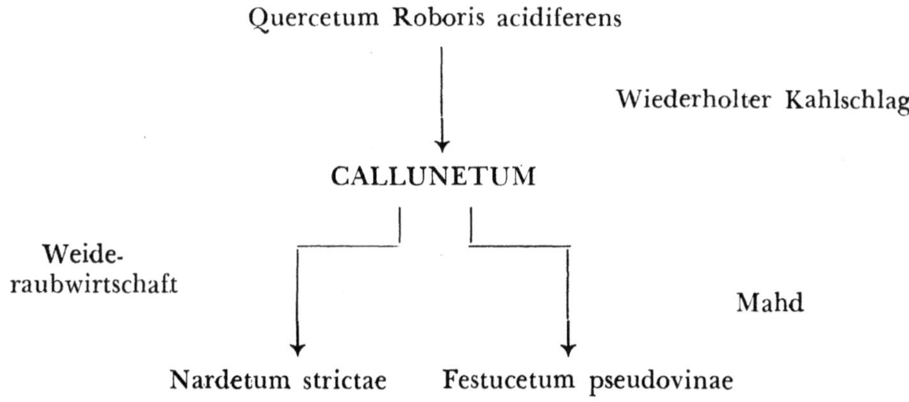

W i r t s c h a f t l i c h e   F o l g e r u n g e n : Aus dem floristischen Aufbau ersehen wir, daß der Boden oberflächlich sauer und trocken ist und gemäht wird. Wenn wir nun bedenken, daß dieser Boden durch Jahrhunderte ausgeraubt wird, ohne einen Dünger zu bekommen, so verstehen wir, daß nur eine Gesellschaft sehr genügsamer Pflanzen diese verarmten Verhältnisse ertragen kann.

Seit Jahrhunderten wurde vermutlich der Eichenausschlagwald streugenutzt und dann wurde er ausgemäht.

Wollen wir an Stelle dieser *Calluna*-Heide eine ordentliche Wiese erhalten, so müssen wir diesen Bestand

1. bewässern oder begüllen,
2. mit Wirtschaftsdünger versehen; dabei dürfen wir aber die Wiese nicht räumen, um ihr einigen Sonnenschutz zu bieten;
3. eine Volldüngung geben.

Es ist wirklich nicht notwendig, daß dieser Bürstlingrasen so trocken ist und daneben ungenützt ein Bach vorbeirinnt.

Als Beispiel einer *Calluna*-Heide auf silikatischer Bodenunterlage, welche ein Waldverwüstungsstadium des Bodensauren Stieleichen-Birkenwaldes ist, wäre auch die von R e i n h o l d   T ü x e n hinausgestellte Trockene Sandheide zu nennen, welche T ü x e n (1937) dem Calluneto-Genistetum typicum in Nordwestdeutschland zuteilt.

T ü x e n zeigt auf, daß diese Assoziation durch Zerstörung dieses Waldes (Brand, Weide, Schlag) seit dem Neolithikum erzeugt und durch Plaggenhieb, Schafweide und Brand sich erhalten konnte. Nach Aufhören des menschlichen Einflusses geht diese Gesellschaft nach T ü x e n über ein *Pinus-* oder ein *Betula*-Stadium zum Querceto Roboris-Betuletum zurück.

Wir treffen diese *Calluna*-Heide nur auf trockenen quarzitischen Sandböden.

Im Sinne meines syngenetischen Systems stelle ich die *Calluna*-Heiden dieser Assoziation, wenn diese Verwüstungsstadien des Bodensauren Stieleichenwaldes sind und sich zum *Betula*-Stadium entwickeln, zum

„Quercetum Roboris ↘ CALLUNETUM silicicolum ↗ Betuletum pendulae" des nordatlantischen Gebietes.

Wenn sich diese Verwüstungsstadien des Bodensauren Stieleichenwaldes zum *Pinus silvestris*-Wald entwickeln, stelle ich sie zum

„Querceto Roboris ↘ CALLUNETUM silicicolum ↗ Pinetum silvestris" des nordatlantischen Gebietes.

Wird diese *Calluna*-Heide der Weideraubwirtschaft durch Schafe unterworfen, so entwickelt sie sich zum Bürstlingrasen, die T ü x e n zur Borstgras-Heide, „Calluneto - Genistetum nardetosum", stellt.

Ich stelle eine solche *Calluna*-Heide, welche ein Waldverwüstungsstadium des Bodensauren Stieleichenwaldes ist und sich durch Weideraubwirtschaft zum Bürstlingrasen entwickelt, zum

„Quercetum Roboris ↘ CALLUNETUM silicicolum ↘ Nardetum" des nordatlantischen Gebietes.

b) F e u c h t e   A u s b i l d u n g.

Im nordatlantischen Gebiet treffen wir auf feuchten quarzitischen Sandböden ebenfalls *Calluna*-Heiden an.

R e i n h o l d   T ü x e n stellt 1937 viele dieser Heiden, welche Waldverwüstungsstadien des Feuchten Stieleichen-Birkenwaldes (Querceto Roboris - Betuletum molinietosum) sind, zur Feuchten Sandheide (Calluneto - Genistetum molinietosum).

Im Sinne meines syngenetischen Systems stelle ich die *Calluna*-Heiden dieser Assoziation, welche Waldverwüstungsstadien des Bodensauren *Molinia*-reichen Stieleichenwaldes sind und sich zum *Betula verrucosa*-Bestand entwickeln, zum

„Quercetum Roboris moliniosum ↘ CALLUNETUM moliniosum paludosum silicicolum ↗ Betuletum pendulae" des nordatlantischen Gebietes.

4. D i e   *C a l l u n a* - H e i d e   a l s   V e r w ü s t u n g s s t a d i u m   d e s   B o d e n s a u r e n   T r a u b e n e i c h e n w a l d e s ,
(Quercetum petraeae ↘ CALLUNETUM silicicolum).

a) T r o c k e n e   A u s b i l d u n g .

Eine solche *Calluna*-Heide untersuchte ich auf einem sonnig geneigten Abhang in 780 m Seehöhe bei Freiburg im Breisgau und fand folgenden floristischen Aufbau:

Calluna vulgaris	5.5	*Luzula albida*	+
Vaccinium Myrtillus	1.2⁰	*Hieracium Lachenalii*	+
Deschampsia flexuosa	1.1	*Prenanthes purpurea*	+
Melampyrum pratense	1.1	*Hypericum perforatum*	+
Teucrium Scorodonia	+.2	*Rubus idaeus*	+
Sorbus aucuparia	+	*Platanthera bifolia*	+
Quercus petraea	+		

Diese *Calluna*-Heide ist ein Waldverwüstungsstadium. Die Waldverwüstung erfolgte hier nicht durch Streunutzung allein, sondern durch den Niederwaldbetrieb. Wir haben hier daher eine *Calluna*-Heide vor uns, welche ein Waldverwüstungsstadium eines Bodensauren Traubeneichen-Niederwaldes ist und sich früher oder später über einen Bodensauren Traubeneichenwald zum Eichen-Hainbuchenwald entwickeln würde (Quercetum petraeae ↘ CALLUNETUM ↗ Quercetum acidiferens ↗ Querceto petraeae-Carpinetum).

Unterscheidungsarten dieses *Calluna*-Heide-Entwicklungstyps sind *Quercus petraea, Teucrium Scorodonia* und *Melampyrum pratense*.

W i r t s c h a f t l i c h e   F o l g e r u n g e n :

1. Die Niederwaldnutzung und Streunutzung müssen sofort eingestellt werden.
2. Vorbau mit Birke, Eberesche, Zitterpappel und Lupine.
3. Hebung des Kalkvorrates durch Bodenkalkung.
4. Reisigdeckung.

Bezeichnend für den Zustand dieses Bodens ist, daß schon einige anspruchsvollere Arten wie *Hieracium Lachenalii, Anemone nemorosa* und *Prenanthes purpurea* auftreten.

Teucrium Scorodonia kennzeichnet das luftfeuchte, atlantische Klima dieses Gebietes.

Im südhannoverschen Bergland treffen wir da und dort auf tonarmen quarzitischen Sandsteinböden *Calluna*-Heiden, welche Waldverwüstungsstadien Bodensaurer Traubeneichenwälder sind, welche R e i n h o l d   T ü x e n 1937 zum Querceto sessiliflorae - Betuletum stellt. T ü x e n zeigt auf, daß diese azidiphilen Klimax-Wälder durch waldverwüstende Eingriffe zur *Calluna-Antennaria* - Ass. degradiert werden. Wenn ich auch bezweifle, daß es sich bei diesen Wäldern um Klimaxgesellschaften handelt, so stimmt sicherlich die Annahme, daß diese Wälder durch waldverwüstende Eingriffe zu *Calluna*-Heiden degradiert werden können.

Im Sinne meines syngenetischen Systems stelle ich solche *Calluna*-Heiden, die Waldverwüstungsstadien dieses Bodensauren Traubeneichenwaldes sind und nach Aufhören waldverwüstender Eingriffe von *Betula verrucosa* dicht besiedelt werden, zum

„Quercetum petraeae ⟍ CALLUNETUM silicicolum ⟋ Betuletum" des südhannoverschen Berglandes.

b) F e u c h t e   A u s b i l d u n g.

Eine *C a l l u n a* - H e i d e   a l s   W a l d v e r w ü s t u n g s s t a d i u m   d e s *V i o l a   R i v i n i a n a* - r e i c h e n   T r a u b e n e i c h e n - B i r k e n w a l d e s hat D i e m o n t in Nordostholland auf silikatischem Sand über Lehmboden beobachtet und hat für diese *Calluna vulgaris, Genista anglica, Cuscuta epithymum Ptilidium ciliare* als Charakterarten hinausgestellt. Besonders bezeichnend für die bodenfeuchte Ausbildung sind in dieser Heide: *Erica Tetralix, Molinia coerulea, Juncus squarrosus, Trichophorum caespitosum* ssp. *germanicum, Pedicularis silvatica, Gentiana Pneumonanthe, Salix repens, Orchis maculatus, Succisa pratensis.*

Im Sinne meiner Vegetationsentwicklungstypen stelle ich diese *Calluna*-Heide, welche ein Waldverwüstungsstadium des Bodenfeuchten Traubeneichen-Birkenwaldes ist und vom Birkenwald wieder besiedelt wird, zum

„Quercetum sessiliflorae betuletosum ⟍ CALLUNETUM paludosum silicicolum ⟋ Betuletum"
Nordosthollands.

Nach Ansicht D i e m o n t s besiedelt diese Heide kulturfähigen Boden.

5. D i e   *C a l l u n a* - H e i d e   a l s   V e r w ü s t u n g s s t a d i u m   d e s B o d e n s a u r e n   H a i n b u c h e n w a l d e s,

a) Carpinetum Betuli acidiferens ⟍ CALLUNETUM vulgaris

b) Querceto Roboris - Carpinetum Betuli acidiferens ⟍ CALLUNETUM vulgaris,

c) Querceto petraeae - Carpinetum Betuli acidiferens ⟍ CALLUNETUM vulgaris,

Als Beispiel einer *Calluna vulgaris*-Heide als Waldverwüstungsstadium des Bodensauren Traubeneichen-Hainbuchen-Mischwaldes bringe ich von einem 15° geneigten, steinigen Hang bei Oberweiler an der Straße nach Sulzburg in Südbaden von 455 m Seehöhe.

Floristischer Aufbau:

Calluna vulgaris	4.5	*Poa Chaixii*	$+$.2
Deschampsia flexuosa	2.2	*Campanula rotundifolia*	$+$.2
Luzula albida	2.2	*Fagus silvatica*	$+$.2[0]
Melampyrum pratense	2.2	*Potentilla sterilis*	$+$
Carpinus Betulus (Aus-		*Hieracium Lachenalii*	$+$
schlag)	2.2	*Hieracium Pilosella*	$+$
Genista pilosa	1.2	*Pinus silvestris*	$+$
Hieracium laevigatum	1.2	*Abies alba*	$+$[0]
Hieracium umbellatum	1.2		
Teucrium Scorodonia	1.2	Moosschicht:	
Veronica officinalis	1.2	*Polytrichum formosum*	1.3
Anthoxanthum odoratum	1.2	*Pleurozium Schreberi*	1.3
Solidago Virgaurea	1.2	*Dicranum undulatum*	1.3
Lathyrus montanus	1.2	*Hylocomium splendens*	$+$.2
Quercus petraea	1.2		

Aus vergleichenden Untersuchungen erfahren wir, daß diese *Calluna*-Heide ein Waldverwüstungsstadium eines mit dem Rotbuchen-Tannenwald in Beziehung stehenden Hainbuchenwaldes ist und sich wieder zum Hainbuchen-Ausschlagwald entwickelt.

Ich stelle daher diese *Calluna*-Heide zum

„Carpinetum ↘ CALLUNETUM vulgaris ↗ Carpinetum regerminatum".

Der floristische Aufbau eines benachbarten Bodensauren Carpinetums zeigt folgende Zusammensetzung unter sonst gleichen Umweltverhältnissen:

Baumschicht:

Carpinus Betulus	5.5	*Lathyrus montanus*	$+$
Quercus petraea	$+$	*Veronica officinalis*	$+$
Fagus silvatica	$+$	*Anemone nemorosa*	$+$
Abies alba	$+$	*Carpinus Betulus.*	$+$
		Acer Pseudoplatanus	$+$
Strauchschicht:		*Hieracium laevigatum*	$+$
Carpinus Betulus	2.2	*Abies alba*	$+$
Fagus silvatica	1.1	*Acer platanoides*	$+$
Abies alba	1.1	*Poa nemoralis*	$+$
		Polygonatum multiflorum	$+$
Niederwuchs:		*Campanula rotundifolia*	$+$
Poa Chaixii	4.3	*Potentilla sterilis*	$+$
Vaccinium Myrtillus	2.2	*Phyteuma spicatum*	$+$
Luzula albida	2.2	*Viola mirabilis*	$+$
Calluna vulgaris	2.2	*Teucrium Scorodonia*	$+$
Deschampsia flexuosa	1.2		
Galium silvaticum	1.2	Moosschicht:	
Melampyrum pratense	1.1	*Polytrichum formosum*	2.3
Solidago Virgaurea	1.1	*Pleurozium Schreberi*	2.3
Luzula silvatica	$+$.2	*Dicranum undulatum*	2.3
Melica uniflora	$+$.2	*Catharinaea undulata*	2.3
Anthoxanthum odoratum	$+$	*Hylocomium splendens*	1.3

Der floristische Aufbau dieses Ausschlagwaldes läßt vermuten, daß der Nährstoffhaushalt dieses Waldes gar nicht so ungünstig ist, und es daher gar nicht zu verstehen ist, wieso das Waldverwüstungsstadium eines solchen Waldes, in dem eine ganze Reihe anspruchsvoller Arten vorkommen (*Galium silvaticum, Melica uniflora, Polygonatum multiflorum, Phyteuma spicatum*) die *Calluna*-Heide sein sollte.

Die Erklärung ist nicht schwer. Das Klimagebiet dieses sonnigen Hanges liegt gegenüber der Burgundischen Pforte, durch welche luftfeuchte atlantische Luft einströmt und die daher für *Abies alba, Acer Pseudoplatanus, Acer platanoides, Fagus silvatica* und *Carpinus Betulus* optimale Klimaverhältnisse bietet. Dazu kommt, daß der oberflächlich wasserdurchlässige Geröllboden im Unterboden einen ausgezeichneten Wasser- und Nährstoffhaushalt bietet, auch wenn der Oberboden trocken und nährstoffarm ist.

Der Niederwaldbetrieb und die Streunutzung vermochten den sehr durchlüfteten, steinigen Unterboden doch nicht völlig zu zerstören und vermögen nicht die Wiederbewaldung über das Carpinetum zum Abieto-Fagetum in verhältnismäßig kurzer Zeit zu verhindern.

Wäre der Boden nicht steinig, sondern lehmig, so hätte der Boden durch den Niederwaldbetrieb und die Streunutzung viel früher den verhältnismäßig guten Wasser- und Nährstoffhaushalt des Untergrundes verloren.

Daraus ziehen wir die wirtschaftlichen Folgerungen:

1. Die Streunutzung muß unter allen Bedingungen eingestellt werden.
2. Im Schutze des Carpinetums muß getrachtet werden, ein Abieto-Fagetum mit hohem *Abies alba*-Anteil aufzubringen.

Eine *Calluna*-Heide untersuchte ich ober Klagenfurt-See auf einem 10° Süd geneigten Hang in 460 m Seehöhe.

Floristischer Aufbau:

Calluna vulgaris	4.5	*Luzula pilosa*	+.2
Vaccinium Myrtillus	3.3	*Pteridium aquilinum*	+.2
Carpinus Betulus	2.3	*Hieracium umbellatum*	+.2
Melampyrum pratense	2.2	*Lathyrus montanus*	+.2
Luzula albida	2.2	*Genista sagittalis*	+.2
Festuca rubra	1.2	*Deschampsia flexuosa*	+.2
Vaccinium Vitis-idaea	1.2	*Fragaria vesca*	+
Pirola secunda	+.2	*Pinus silvestris*	+
Majanthemum bifolium	+.2	*Betula verrucosa*	+
Solidago Virgaurea	+.2	*Sorbus aucuparia*	+
Genista germanica	+.2	*Quercus Robur*	+
Genista tinctoria	+.2	*Rhamnus Frangula*	+
Cytisus supinus	+.2		

Aus vergleichenden Untersuchungen erfahren wir, daß diese *Calluna*-Heide ein Waldverwüstungsstadium des Querceto-Roboris-Carpinetum ist und wieder zu diesem Walde führt. Ich stelle daher diese *Calluna vulgaris*-Heide zum

„Querceto Roboris - Carpinetum ⭦ CALLUNETUM vulgaris ⭧ Querceto - Carpinetum".

Dieser Bestand besitzt im Unterboden einen guten Wasserhaushalt, was aus dem Auftreten von *Pteridium aquilinum* und *Rhamnus Frangula* zu ersehen ist.

Daraus können wir die Erkenntnis ziehen, daß wir mit einem Vorbau von *Alnus glutinosa* den Boden so verbessern könnten, daß wir den *Quercus Robur-Carpinus Betulus*-Niederwald in einen zuwachskräftigen *Quercus Robur*-Hochwald mit *Carpinus Betulus*-Zwischenbestand überführen könnten.

Pinus silvestris würde schwerlich sehr gut wachsen, würde aber entsprechend dem nährstoffreicheren frischen Untergrund sehr astig werden.

6. Die *Calluna*-Heide als Verwüstungsstadium des Bodensauren Rotbuchenwaldes,
Fagetum silvaticae silicicolum ⟍ CALLUNETUM.

Eine solche *Calluna*-Heide konnte ich in 780 m Seehöhe auf 10° Süd geneigtem, steinigem Hang ober der Straße zum Schauinsland ober Freiburg im Breisgau untersuchen.

Floristischer Aufbau:

Calluna vulgaris	4.5	*Fagus silvatica*	+°
Melampyrum pratense	2.2	*Picea excelsa*	+°
Luzula silvatica	2.2°	*Abies alba*	+°
Quercus petraea	2.1	*Platanthera bifolia*	+
Vaccinium Myrtillus	1.2°		
Deschampsia flexuosa	1.2	Moosschicht:	
Teucrium Scorodonia	+		
Hypericum perforatum	+	*Dicranum undulatum*	2.3
Solidago Virgaurea	+	*Polytrichum formosum*	1.2
Hieracium Lachenalii	+	*Cladonia pyxidata*	+.2

Vergleichende Untersuchungen zeigen, daß diese Heide folgend entstanden ist. Der ehemalige Rotbuchen-Tannen-Mischwald wurde durch Streunutzung und Niederwaldbetrieb zum heidelbeerreichen Traubeneichen-Ausschlagwald degradiert. So zeigt ein solcher benachbarter Rotbuchen-Tannenwald unter sonst gleichen Umweltbedingungen folgenden Aufbau:

Baumschicht (20 m hoch):		Niederwuchs:	
Abies alba (bestockt)	0,7	*Luzula silvatica*	5.5
Fagus silvatica (bestockt)	0,3	*Deschampsia flexuosa*	3.3
		Vaccinium Myrtillus	2.3
Strauchschicht:		*Prenanthes purpurea*	+
		Festuca silvatica	+
Fagus silvatica	1.1	*Luzula albida*	+
		Veronica officinalis	+

Wird dieser Wald geschlagen, so breitet sich auf Kosten von *Luzula silvatica* die Heidelbeere, begleitet von *Deschampsia flexuosa, Melampyrum pratense* aus (Abieto-Fagetum luzuletosum silvaticae ⟍ VACCINIETUM Myrtilli).

Hier bleibt die Entwicklung aber nicht stehen, denn durch die freie offene Lage und die Bodenaustrocknung, durch die drainierende Wirkung des Wegeinschnittes verlieren Heidelbeere und Waldsimse *(Luzula silvatica)* ihre Lebenskraft und werden von der *Calluna*-Heide zurückgedrängt. So kommt es zu unserer *Calluna*-Heide, in welcher nun Rotföhre und Traubeneiche sekundär aufkommen.

Ich stelle daher unsere *Calluna*-Heide im Sinne meiner Vegetationsentwicklungstypen zum

Abieto-Fagetum luzulosum silvaticae ⟍ Vaccinietum Myrtilli ⟍ CALLU-NETUM vulgaris ⟋ Quercetum petraeae.

Rotbuche, Tanne und Fichte haben in unserer *Calluna*-Heide sehr geringe Lebenskraft. Dies ist erklärlich, denn diese Holzarten sind schon vor vielen Jahren im Unterwuchs des Rotbuchen-Tannenwaldes aufgekommen. Im Schattenschutze des Waldes konnten sie lebenskräftig aufkommen; mit Abhieb des Waldes verloren diese jungen Baumpflanzen ihre Lebenskraft, weil sie auf diesem herabgewirtschafteten, trockenen Boden die sonnige Lage nicht ertragen können. So ist es erklärlich, daß Rotbuche, Tanne und Fichte wohl aufkommen konnten, später aber ihre Lebenskraft verloren haben.

Oft kommt in solchen *Calluna*-Heiden die Traubeneiche hoch und wird dann der Bodensaure Traubeneichenwald als Niederwald bewirtschaftet. Dann tritt im Schatten des Traubeneichenbestandes wieder die *Calluna*-Heide zurück und die Heidelbeere tritt hervor. Wenn dann dieser Bestand wieder niedergeschlagen wird, dann geht die Heidelbeere wieder zurück und es breitet sich die *Calluna* aus. So geht es fort, solange der Niederwaldbetrieb weitergeführt wird.

Wirtschaftliche Folgerungen: Der Boden dieser *Calluna*-Heide wurde so herabgewirtschaftet, daß erst mit Einsetzen einer pfleglichen Waldwirtschaft ein zuwachskräftigerer Bestand angestrebt werden kann.

Von den Wertholzarten vermag in erster Linie die Rotföhre einen geringen Ertrag zu bringen. Der Rotföhrenwald hat aber den Nachteil, daß er sehr licht ist und der Boden zu wenig beschattet wird. Darum müßte der Rotföhrenwald den Unterbau einer Schattholzart erhalten. Hiezu eignet sich am besten die Hainbuche; nicht nur, weil sie selbst die Beschattung gut verträgt, sondern auch, weil ihr Laub sehr leicht verrottet und wesentlich zur Bodenverbesserung beiträgt.

Es stehen uns aber auch andere Möglichkeiten der Bodenverbesserung zur Verfügung, so vor allem der Vorbau mit Birke *(Betula verrucosa)* und Zitterpappel *(Populus tremula)*. Die Eberesche halte ich in dieser sonnigen Lage für nicht besonders geeignet.

Auf andere Methoden der Bodenverbesserung, wie Reisigdeckung, Lupinenanbau, Kalkung bin ich an anderer Stelle eingegangen.

Eine andere *Calluna*-Heide, in der ebenfalls die wärmeliebenden Pflanzen wie *Teucrium Scorodonia* und *Genista germanica* vorkommen, konnte ich auf einem 20° Süd geneigten Hang ober der Straße vom Hebelhof nach Todtnau im Schwarzwald in 1135 m Seehöhe studieren.

Floristischer Aufbau:

Calluna vulgaris	5.5	*Agrostis tenuis*	1.1
Teucrium Scorodonia	2.1	*Vaccinium Myrtillus*	+.2
Deschampsia flexuosa	1.1	*Silene rupestris*	+.2
Anthoxanthum odoratum	1.1	*Fagus silvatica*	+.2°

Picea excelsa	+	*Chamaenerion angusti-*	
Sorbus aucuparia	+	*folium*	+
Hieracium Lachenalii	+	*Campanula rotundifolia*	+
Genista germanica	+	*Carex pilulifera*	+
Hypericum perforatum	+		
Luzula albida	+	**M o o s e:**	
Potentilla erecta	+	*Polytrichum formosum*	1.1
Rubus idaeus	+	*Dicranum scoparium*	1.1

Diese *Calluna*-Heide mit den wärmeliebenden Pflanzen dürfte im südlichen Schwarzwald wohl die obere Grenze ihrer Verbreitung besitzen.

Ich glaube daraus schließen zu können, daß dieser sonnige warme Hang ehemals der Traubeneiche Lebensbedingungen geboten hat. Die Traubeneiche wurde von der oberen Grenze ihres Vorkommens durch den Niederwaldbetrieb und die Waldentwicklung zum Rotbuchen-Tannenwald zurückgedrängt.

Wir dürfen nicht vergessen, daß die Ausschlagfähigkeit der Holzarten unter optimalen Standortsverhältnissen relativ besser ist als hier an der Grenze ihres Vorkommens.

Ich vermute, daß diese *Calluna*-Heide ein Waldverwüstungsstadium des Bodensauren Rotbuchenwaldes ist, eines Rotbuchenwaldes, der sich bei pfleglicher Wirtschaft zum kräuterreichen Rotbuchen-Tannen-Mischwald entwickeln könnte (Fagetum myrtillosum ↖ CALLUNETUM teucrietosum Scorodoniae ↗ Sorbetum aucupariae ↗ Piceetum ↗ Abieto-Fagetum).

Der Rotbuchenwald hat sich vermutlich über einen Traubeneichenwald entwickelt und hat durch verschiedene Waldverwüstungen, insbesondere durch Niederwaldbetrieb, Streunutzung und Weideraubwirtschaft seine Bodengüte verloren. Er wurde durch diese Eingriffe vom kräuterreichen Rotbuchen-Tannen-Mischwald zum heidelbeerreichen Rotbuchenausschlagwald degradiert (Abieto-Fagetum herbosum ↖ Fagetum myrtillosum).

Bei neuerlichem Abhieb am sonnigen Steilhang verlor die Heidelbeerheide des ehemaligen heidelbeerreichen Rotbuchenausschlagwaldes ihre Lebenskraft und wurde von der *Calluna*-Heide zurückgedrängt.

So breitete sich die *Calluna*-Heide aus und deren Wiederbewaldung wird durch rücksichtslose Weideraubwirtschaft aufgehalten.

Die *Calluna*-Heide bringt weder der Wald- noch der Weidewirtschaft einen Ertrag und sollte daher wieder bewaldet werden. Zu diesem Zwecke müßte 1. die ungeregelt betriebene Weidewirtschaft ausgeschaltet und 2. die Wiederbewaldung durch einen Birken- oder Ebereschenvorbau eingeleitet werden.

Aus vergleichenden Untersuchungen erfahren wir, daß unter sonst gleichen Umweltbedingungen bei Ausschaltung der Weideraubwirtschaft die Eberesche ganz von selbst aufkommen und die Gesundung des Bodens und Waldes einleiten würde.

Dieser Weg der Wiederbewaldung geht aber sehr langsam und sollte durch einen bewußten Voranbau beschleunigt werden.

Wenn ich trotzdem auch die Birke als Vorbauholzart empfehle, so darum, weil der Hang sehr warm ist und Arten des Bodensauren Birken-Eichenwaldes, wie *Teucrium Scorodonia* und *Genista germanica* auftreten.

Ein Heidelbeer-Heide-Bestand im Schatten eines Rotbuchenausschlagwaldes gibt uns einen mehr oder weniger ähnlichen Unterwuchs; nur tritt in diesem Bestande die Heidelbeere herrschend hervor, während die *Calluna* im Schatten sehr zurücktritt und ein kümmerliches Dasein führt.

Auch die sehr licht- und wärmeliebende *Genista germanica* tritt im Heidelbeerbestand des Rotbuchenausschlagwaldes ebenso zurück wie die nitratreichen Kahlschlagpflanzen *Chamaenerion angustifolium* und *Rubus idaeus*.

Floristischer Aufbau des anschließenden heidelbeerreichen Rotbuchen-Ausschlagwaldes:

Vaccinium Myrtillus	4.3	*Arnica montana*	+
Anthoxanthum odoratum	1.1	*Hypericum perforatum*	+
Calluna vulgaris	+.3	*Deschampsia flexuosa*	+
Fagus silvatica	+.2	*Hieracium Lachenalii*	+
Sorbus aucuparia	+	*Agrostis tenuis*	+
Potentilla erecta	+	*Solidago Virgaurea*	+
Teucrium Scorodonia	+	*Melampyrum silvaticum*	+
Luzula silvatica	+	*Festuca rubra*	+
Luzula albida	+		

Waldwirtschaftlich sehr bedeutungsvoll ist die Tatsache, daß, durch die waldverwüstenden Eingriffe bedingt, die Fichte unter den Ebereschen hochkommt und die Waldentwicklung zum Rotbuchen-Tannen-Fichten-Mischwald mitmacht.

Diese Erkenntnis ist für uns darum von entscheidender Bedeutung, weil wir daraus erfahren, daß die waldverwüstenden Eingriffe des Menschen Rohhumus schaffen und damit die Ausbreitung der Fichte in der Laubwaldstufe ebenso begünstigen wie in der Nadelwaldstufe, wo das kalte Klima und die kurze Vegetationszeit durch geringe Begünstigung des Bodenlebens Rohhumus schaffen.

Die *Calluna*-Heiden als Verwüstungsstadien verschiedener Nadelwälder.

7. **Die *Calluna*-Heiden als Verwüstungsstadien verschiedener Rotföhrenwälder,**
Pinetum silvestris ↘ CALLUNETUM silicicolum sec.

Wir bringen nun eine *Calluna*-Heide, welche ich auf ebenem Boden ober der Lieserstraße, 2 km ober Spittal a. d. Drau, in 640 m Seehöhe untersuchen konnte.

Floristischer Aufbau:

Calluna vulgaris	5.5	*Hieracium umbellatum*	+.2
Vaccinium Myrtillus	2.2	*Lathyrus montanus*	+
Molinia coerulea	1.3	*Quercus Robur*	+
Vaccinium Vitis-idaea	1.2	*Hypericum humifusum*	+
Genista sagittalis	1.2	*Sorbus aucuparia*	+
Deschampsia flexuosa	1.2	*Betula pendula*	+
Melampyrum pratense	1.1		
Luzula albida	+.2	Moosschicht:	
Juniperus communis	+.2	*Pleurozium Schreberi*	2.3
Genista tinctoria	+.2	*Rhytidiadelphus triquetrus*	1.2
Genista germanica	+.2	*Dicranum undulatum*	+.3

Aus vergleichenden und waldgeschichtlichen Untersuchungen erfahren wir, daß diese *Calluna*-Heide folgend entstanden ist. Diese *Calluna*-Heide ist ein Waldverwüstungsstadium des mit dem Bodensauren Eichenwald in Beziehung stehenden heidelbeerreichen Rotföhrenwaldes.

Nach Kahlschlag ging infolge der offenen Lage die Heidelbeer-Heide in die *Calluna*-Heide über und wird wieder von der Rotföhre bewaldet werden.

Ich stelle diese *Calluna*-Heide im Sinne meiner Vegetationsentwicklungstypen zum

„Pinetum silvestris myrtillosum ↖ CALLUNETUM quercetosum Roboris ↗ Pinetum silvestris“.

Rücksichtslose Streunutzung haben dem Boden seine Güte genommen und ihn zum heidelbeerreichen Rotföhrenwald degradiert. Die Unterscheidungsarten *Genista germanica, Lathyrus montanus, Quercus Robur, Hieracium umbellatum, Hypericum humifusum* geben uns den Hinweis, daß unsere *Calluna*-Heide mit dem Bodensauren Eichenwald in Beziehung steht.

Wirtschaftliche Folgerungen: Die Streunutzung hat sofort eingestellt zu werden.

Ein Vorbau von Birke *(Betula verrucosa)* hat die Bodengüte durch tiefgehende Bewurzelung, Bestandesabfall und Beschattung zu heben.

Lupinenanbau würde sich ebenfalls günstig auswirken. Bodenkalkung würde die Bodenverbesserung wesentlich beschleunigen.

Wie aus dem Auftreten von *Molinia coerulea* hervorgeht, besitzt dieser Boden eine wasserstauende Schicht, woraus wir entnehmen können, daß wir auch mit einem Schwarzerlenvorbau Erfolg hätten.

Ein weiteres Beispiel einer solchen *Calluna*-Heide fand ich auf der sogenannten Paprika-Insel im Westen der großen Faaker-See-Insel und fand folgenden floristischen Aufbau:

Calluna vulgaris	5.5	*Betula verrucosa*	+
Anemone nemorosa	3.1	*Viola silvestris*	+
Genista sagittalis	2.2	*Polygala Chamaebuxus*	+
Agrostis tenuis	2.2	*Hieracium Lachenalii*	+
Genista germanica	2.1	*Platanthera bifolia*	+
Vaccinium Vitis-idaea	1.2	*Pinus silvestris*	+
Cytisus supinus	1.1	*Galium vernum*	+
Lycopodium clavatum	+.2	*Hieracium umbellatum*	+
Lycopodium complanatum	+.2	*Lathyrus montanus*	+
Peucedanum Oreoselinum	+	*Luzula multiflora*	+
Pteridium aquilinum	+	*Melampyrum pratense*	+
Picea excelsa	+°	M o o s s c h i c h t :	
Rhamnus Frangula	+	*Polytrichum formosum*	2.2
Quercus Robur	+	*Dicranum scoparium*	+
Potentilla erecta	+	*Pleurozium Schreberi*	+

Aus vergleichenden Untersuchungen erfahren wir, daß dieser Bestand ein Waldverwüstungsstadium des mit dem Bodensauren Eichenwald in Beziehung stehenden Rotföhrenwaldes ist und über einen *Calluna*-reichen Rotföhrenwald und über ein Fichtenwaldstadium sich zum Rotbuchen-Tannen-Mischwald entwickeln würde (Pinetum silvestris quercetosum Roboris myrtillosum ↖ Vaccinietum Myrtilli ↘ CALLUNETUM ↗ Pinetum silvestris callunetosum).

Die Weiterentwicklung zum Rotbuchenwald würde folgend vor sich gehen: Pinetum silvestris callunetosum ∕ Pinetum piceetosum myrtillosum ∕ Pineto-Piceetum fagetosum myrtillosum ∕ Piceeto-Fagetum myrtillosum ∕ Piceeto-Fagetum abietetosum ∕ Abieto-Fagetum herbosum.

Aus dem floristischen Aufbau ersehen wir eine ganze Reihe von Arten des Bodensauren Eichenwaldes: *Quercus Robur, Melampyrum pratense, Genista germanica, Hieracium umbellatum, Lathyrus montanus.*

Zum besseren Verständnis dieser Zusammenhänge bringe ich den floristischen Aufbau eines angrenzenden 70jährigen Rotföhrenwaldes in ebener Lage:

Baumschicht:

Pinus silvestris	4.4

Strauchschicht:

Picea excelsa	1.2
Fagus silvatica	$+.2^0$
Quercus Robur	+
Rhamnus Frangula	+
Sorbus aucuparia	+
Betula verrucosa	+

Unterwuchs:

Vaccinium Myrtillus	4.3
Melampyrum pratense	2.2
Vaccinium Vitis-idaea	2.1
Calluna vulgaris	1.2
Sieglingia decumbens	1.2
Cytisus supinus	1.2
Lycopodium clavatum	1.2
Lycopodium complanatum	1.2
Pteridium aquilinum	1.1

Potentilla erecta	1.1
Picea excelsa	1.1
Polygala Chamaebuxus	1.1
Genista germanica	+
Genista sagittalis	+
Lathyrus montanus	+
Luzula albida	+
Hieracium umbellatum	+
Hieracium Lachenalii	+
Majanthemum bifolium	+
Anemone nemorosa	+
Platanthera bifolia	+
Galium vernum	+
Genista tinctoria	+

Moosschicht:

Pleurozium Schreberi	3.4
Polytrichum formosum	2.2
Dicranum undulatum	1.2
Rhytidiadelphus triquetrus	1.2

Wir haben hier im Sinne meiner Waldentwicklungstypen einen heidelbeerreichen Rotföhrenwald vor uns, der in Beziehung zum Bodensauren Stieleichenwald steht und sich früher oder später zum Rotföhren-Fichten-Mischwald weiter entwickeln würde. Zum Verständnis dieses Rotföhrenwaldes ist noch zu sagen, daß er, wie waldgeschichtliche Studien aufzeigen, in der *Calluna*-Heide aufgekommen ist und alle zehn Jahre durch Plaggenhieb streugenutzt wird (Callunetum sec. ∕ Pinetum silvestris quercetosum Roboris myrtillosum ↖ Vaccinietum Myrtilli ↘ Callunetum ∕ Pinetum callunetosum ∕ Pinetum myrtillosum).

So verstehen wir es, daß in diesem Raume je nach den wirtschaftlichen Eingriffen mosaikartig *Calluna*-Heiden, Heidelbeer-Heiden, *Calluna*-reiche Rotföhrenwälder, heidelbeerreiche Rotföhrenwälder, Rotföhren-Fichten-Mischwälder nebeneinander wachsen und daß es verhältnismäßig einfach ist, diese Heiden und Wälder als verschiedene Vegetationsentwicklungsstadien der auf- und absteigenden Waldentwicklung zu erfassen.

Es ist nun verständlich, daß die Heidelbeer-Heide zurückbleibt, wenn ein heidelbeerreicher Rotföhrenwald geschlagen wird. Ebenso verständlich ist es aber, daß bei Freistellung in sonniger Lage die Heidelbeer-Heide ihre Lebenskraft verliert und langsam von der *Calluna*-Heide abgebaut wird (Pinetum silvestris myrtillosum ↘ Vaccinietum Myrtilli ↘ Callunetum).

Und nun zurück zu unserer *Calluna*-Heide.

Aus dem floristischen Aufbau erkennen wir ferner, daß der Oberboden trocken und teilweise basisch ist. Dies ist nicht verwunderlich, weil wir es ja mit einem Drumlinmoränenboden zu tun haben, der wohl zur Hauptsache silikatische Ablagerungen enthält, daneben aber auch einige basische vom Gailgletscher.

Die Arten *Peucedanum Oreoselinum* und *Polygala Chamaebuxus* lassen größere örtliche Bodentrockenheit erkennen.

Der Unterboden ist schon viel frischer, was am Auftreten von *Pteridium aquilinum* und *Rhamnus Frangula* zu erkennen ist.

Besonders fällt uns auf, daß an einigen ausnehmend begünstigten Bodenstellen anspruchsvollere Arten wie *Anemone nemorosa, Viola silvestris* und *Galium vernum* auftreten. Daraus können wir entnehmen, daß auch dieser streugenutzte Waldboden bei pfleglicher Wirtschaft besser werden würde.

Damit kommen wir zu den wirtschaftlichen Folgerungen, die genau dieselben sind, wie wir sie bei der Dobrova-*Calluna*-Heide auf Seite 35 besprechen werden.

Eine andere *Calluna*-Heide untersuchte ich ferner auf einem bodentrockenen, schwach nach Westen geneigten Rücken auf Drumlinmoränenboden im Westen von Villach.

Floristischer Aufbau:

		Moosschicht:	
Calluna vulgaris	5.5	*Pleurozium Schreberi*	4.5
Vaccinium Vitis-idaea	4.3	*Dicranum undulatum*	4.3
Melampyrum pratense	1.1	*Polytrichum formosum*	1.1
Quercus Robur	+.2	*Cladonia alpestris*	+.3
Genista sagittalis	+.2		
Molinia coerulea	+.2		
Pinus silvestris	+		

Diese Heide siedelt auf einem Eisenpodsolboden mit 5 — 10 cm roher Auflagehumusschicht, 2 cm Bleicherde mit einem dicken dunkelbraunen B-Horizont.

Wir haben hier eine *Calluna*-Heide vor uns, welche ein Waldverwüstungsstadium eines *Calluna*-reichen Rotföhrenwaldes ist und sich wieder zum *Calluna*-reichen Rotföhrenwald entwickeln wird (Pinetum silvestris quercetosum Roboris callunosum ↘ CALLUNETUM ↗ Pinetum silvestris).

Auch diese *Calluna*-Heide steht in Beziehung zum Stieleichenwald, worauf die Stockausschläge von *Quercus Robur* deuten.

Wenn in diesem bodentrockenen *Calluna*-Heide-Bestand sogar das Pfeifengras *(Molinia coerulea)* auftritt, so wohl darum, weil die dickgebackene Ortsteinschicht das Wasser staut.

Der floristische Aufbau eines benachbarten *Calluna*-reichen Rotföhrenwaldes geht aus folgender Aufnahme hervor:

Baumschicht:		Strauchschicht:	
Pinus silvestris	5.5	*Pinus silvestris*	+

Niederwuchs:

Calluna vulgaris	5.5
Vaccinium Vitis-idaea	3.2
Melampyrum pratense	1.1⁰
Luzula pilosa	+⁰
Molinia coerulea	+
Quercus Robur (viele Stockausschläge)	+⁰
Luzula multiflora	+

Moosschicht:

Pleurozium Schreberi	5.5
Dicranum undulatum	2.3
Cladonia alpestris	2.3
Cladonia digitata	+.2
Rhytidiadelphus triquetrus	+.3
Polytrichum juniperinum	+

Auch hier haben wir einen nur 6 m hohen Rotföhrenwaldtyp vor uns, mit welchem unsere *Calluna*-Heide in Beziehung steht. Wenn wir vom bodentrockenen Rücken heruntersteigen, also vom Oberhang zum Unterhang, so nehmen unter sonst gleichen Verhältnissen die anspruchsvolleren Arten zu, so z. B. *Luzula albida, L. pilosa, Vaccinium Myrtillus,* noch weiter unten *Anemone nemorosa, Hieracium silvaticum, Majanthemum bifolium, Oxalis Acetosella, Anemone trifolia, Rhytidiadelphus triquetrus, Carex montana.* Das heißt, mit Hinabsteigen vom Oberhang in den Unterhang wird der Wasser- und Nährstoffhaushalt besser und damit auch die Zuwachsverhältnisse. Dem ist es zuzuschreiben, daß hier

1. in den Unterhängen und muldigen Lagen die Fichte lebenskräftig wachsen kann und
2. das Höhenwachstum in den Mulden um vieles besser ist als auf dem Rücken.

Daraus erklärt es sich, daß es in solchen Gebieten mit welligem Relief aussieht, als ob der Wald gleich hoch wäre.

Die Wuchsleistungen am Unterhang sind wesentlich besser als am Oberhang. Dem ist es zuzuschreiben, daß trotz wechselndem Relief mit seinen Ober- und Unterhängen die Baumkronen oft in einer Ebene liegen.

Die wirtschaftlichen Folgerungen in der Behandlung solcher *Calluna*-Heiden habe ich wiederholt aufgezeigt.

Knapp unter dem Rücken am 15⁰ Nordost geneigten Hang zeigt eine *Calluna*-Heide auf wasserdurchlässigem Sandboden folgenden floristischen Aufbau:

Calluna vulgaris	5.5
Genista sagittalis	2.5
Vaccinium Vitis-idaea	2.2
Vaccinium Myrtillus	1.2
Genista germanica	1.2
Melampyrum pratense	1.1
Luzula albida	+.2

Quercus Robur	+
Pinus silvestris	+

Moosschicht:

Pleurozium Schreberi	4.5
Dicranum undulatum	3.4

Zweifellos haben wir es hier mit derselben *Calluna*-Heide zu tun, welche mit dem Bodensauren Rotföhrenwald in Beziehung steht (Pinetum silvestris quercetosum roboris callunetosum ↘ CALLUNETUM ↗ Pinetum silvestris).

Wenn nun in dieser *Calluna*-Heide die Heidelbeere *(Vaccinium Myrtillus)*, der Deutsche Ginster *(Genista germanica)*, der Pfeilginster *(Genista sagittalis)*, und der niedrige Geißklee *(Cytisus supinus)* auftreten, so hängt dies mit der längeren Schneebedeckung zusammen. Alle diese Pflanzen saurer Rohhumusböden sind für winterliche Schneebedeckung sehr dankbar. Nur in ausgesprochen luftfeuchtem Klima mit mildem Winter besiedeln sie auch Rohhumusböden sonniger Lagen.

Eine andere *Calluna*-Heide untersuchte ich auf der sogenannten Dobrova im Osten von Villach in 600 m Seehöhe in der unteren Buchenstufe und fand in ebener Lage folgenden floristischen Aufbau:

Calluna vulgaris	5.5	*Rhamnus Frangula*	+
Pinus silvestris	3.1	*Genista germanica*	+
Vaccinium Vitis-idaea	2.2	*Carex pilulifera*	+
Pteridium aquilinum	1.1	*Populus tremula*	+
Betula pendula	1.1	*Fagus silvatica* (Ausschlag)	+
Luzula pilosa	+.2		
Quercus Robur	+	*Polytrichum formosum*	5.5

Hiezu ist folgendes zu sagen:

Diese *Calluna*-Heide-Gesellschaft ist ein Waldverwüstungsstadium eines Bodensauren Rotföhrenwaldes, welcher ein Waldverwüstungsstadium eines über den Stieleichenwald entstandenen Rotbuchen-Tannen-Mischwaldes ist.*)

Die Waldverwüstung wurde durch wiederholten Kahlschlag und fortgesetzte Streunutzung bewirkt. Der hohe Anteil von *Pinus silvestris* zeigt uns, daß unsere *Calluna*-Heide vom Rotföhrenwald besiedelt wird.

Ich stelle diese *Calluna*-Heide im Sinne meiner Vegetationsentwicklungstypen zur *Calluna*-Heide, welche ein Waldverwüstungsstadium des mit dem Bodensauren Stieleichen-Birkenwald in Beziehung stehenden Rotföhrenwaldes ist und nun wieder von der Rotföhre besiedelt wird (Pinetum silvestris quercetosum Roboris ↘ CALLUNETUM ↗ Pinetum silvestris).

Unterscheidungsarten (Differenzialarten), welche uns den Hinweis geben, daß diese *Calluna*-Heide mit dem Bodensauren Eichenwald in Beziehung steht, sind *Quercus Robur* und *Genista germanica*.

Die Stockausschläge der Rotbuche bestätigen die Annahme, daß diese Heide im Klimagebiete der Mittleren Rotbuchenstufe liegt und vermutlich der Stieleichenwald ein Waldverwüstungsstadium des Rotbuchen-Tannenwaldes ist.

Bezeichnend für diese *Calluna*-Heide ist noch das Vorkommen von *Pteridium aquilinum* und *Rhamnus Frangula*, die aufzeigen, daß der Untergrund dieser *Calluna*-Heide einen guten Wasserhaushalt besitzt.

W i r t s c h a f t l i c h e F o l g e r u n g e n : Die *Calluna*-Heide ist der Ausdruck besonders ungünstiger Nährstoffverhältnisse im Oberboden und verdankt ihr Dasein neben Kahlschlag und Niederwaldbetrieb insbesondere der

---

*) Siehe A i c h i n g e r , E. Rotföhrenwälder als Waldentwicklungstypen, S. 49.

fortgesetzten Streunutzung durch Plaggenhieb. Unsere waldbaulichen Forderungen müssen also lauten:

1. Sofortige Einstellung der Streunutzung;
2. Voranbau mit gewöhnlicher Birke *(Betula verrucosa)* und Zitterpappel *(Populus tremula)*;
3. Bodenkalkung und Lupinenvoranbau würden sich auf lange Sicht jedenfalls sehr günstig auswirken;
4. Reisigdeckung würde ebenfalls wesentlich zur Gesundung des Bodens beitragen;
5. Fichte darf auf keinen Fall angeforstet werden.

Da der Ruf nach Laubholz in zunehmendem Maße laut wird, so versuchte auch der Besitzer unserer *Calluna*-Heide die Rotbuche einzubringen. Der Erfolg mußte natürlich ausbleiben, da die Rotbuche ihren großen Hunger nach Mineralboden aus dem Rohhumusboden der *Calluna*-Heide auf keinen Fall befriedigen konnte; ganz abgesehen davon, daß der Rotbuche in dieser warmen sonnigen Lage der Freistand auf keinen Fall zusagt.

Wollen wir trotzdem die Rotbuche einbringen, so müssen wir

1. einen Vorbau aufbringen;
2. die Pflanzstellen durch Bodenkalkung und Herbeischaffung guten milden Humusbodens bekömmlicher machen;
3. auch Reisighaufendüngung mit Bodenkalkung schafft in einigen Jahren der Rotbuche ein gutes Pflanzbett. In diesem Falle läßt man auch nach Pflanzung den Reisighaufenwall zur Erreichung hinreichenden Schattens (Schattengare) und Verdunstungsschutzes liegen.

Schließlich untersuchte ich eine solche *Calluna*-Heide in ebener Lage bei der Bleiröhrenfabrik im Westen Villachs.

F l o r i s t i s c h e r   A u f b a u :

Calluna vulgaris	5.5
Vaccinium Myrtillus	3.2^{0}
Vaccinium Vitis-idaea	3.2
Pinus silvestris	3.1
Quercus Robur	1.2
Carex pilulifera	1.2
Agrostis tenuis	+.2
Anthoxanthum odoratum	+.2
Festuca pseudovina	+.2
Luzula multiflora	+.2
Luzula pilosa	+.2
Picea excelsa	$+^{0}$
Salix caprea	$+^{0}$

M o o s s c h i c h t :

Polytrichum formosum	5.5
Pleurozium Schreberi	1.1^{0}

Wie kommt es nun zu dieser *Calluna*-Heide? Welchem Vegetationsentwicklungstyp können wir sie zuteilen?

Diese *Calluna*-Heide ist folgend entstanden: Der streugenutzte heidelbeerreiche Rotföhrenwald wurde niedergeschlagen, die Heidelbeer-Heide verlor in der lichtdurchflossenen, frostgefährdeten Lage ihre Lebenskraft und wurde von der *Calluna*-Heide zurückgedrängt. In dieser kommen nun die Rotföhren auf und drängen die *Calluna*-Heide wieder zurück. Im Sinne meiner Vegetationsentwicklungstypen haben wir vor uns ein

Pinetum silvestris quercetosum Roboris myrtillosum ↖ CALLUNETUM ↗ Pinetum silvestris callunetosum.

Wie sehr unsere Annahme stimmt, ersehen wir aus einer danebenliegenden Heidelbeer-Heide, die erst vor zwei Jahren durch Abhieb des heidelbeerreichen Rotföhrenwaldes entstanden ist und folgenden floristischen Aufbau zeigt:

Vaccinium Myrtillus	5.5	*Picea excelsa*	+
Vaccinium Vitis-idaea	3.2	*Salix caprea*	+
Carex pilulifera	2.2	*Sorbus aucuparia*	+
Melampyrum pratense	2.2	*Luzula pilosa*	+
Pinus silvestris	2.1	*Luzula multiflora*	+
Quercus Robur	1.2	*Hieracium Lachenalii*	+
Chamaenerion angusti-folium	1.1	**Moosschicht:**	
Rubus idaeus	1.1	*Polytrichum formosum*	4.4
Genista sagittalis	+.3	*Pleurozium Schreberi*	2.2
Calluna vulgaris	+.2	*Dicranum undulatum*	1.2

Aus dem Aufbau dieser Heidelbeer-Heide ersehen wir, daß noch die Heidelbeere die Vegetation beherrscht, daß die *Calluna* eben erst spärlich angekommen ist und schließlich die Nitratpflanzen *Chamaenerion angustifolium* und *Rubus idaeus* den Hinweis geben, daß durch die plötzliche Freistellung die sauren Rohhumusstoffe teilweise nitrifiziert wurden und diese Nitratpflanzen aufkommen konnten. Wir haben hier vor uns ein

Pinetum silvestris quercetosum Roboris myrtillosum ↘ VACCINIETUM Myrtilli ↗ Pinetum silvestris.

Um nun einen solchen mit der *Calluna*-Heide bzw. Heidelbeer-Heide in Beziehung stehenden Rotföhrenwald zu sehen, untersuchten wir einen solchen angrenzenden Rotföhrenwald und fanden folgenden floristischen Aufbau:

Baumschicht (80 Jahre alt):

Pinus silvestris (20 m hoch)	0,9	*Vaccinium Vitis-idaea*	2.2
Picea excelsa (6—10 m hoch)	0,1	*Calluna vulgaris*	+.2
		Melampyrum pratense	3.2
Strauchschicht:		*Luzula albida*	+.2
		Genista sagittalis	+.2
Quercus Robur	+	*Luzula pilosa*	+
Picea excelsa	+	*Hieracium silvaticum*	+
Pinus silvestris	+°	**Moosschicht:**	
Niederwuchs:		*Pleurozium Schreberi*	3.3
		Polytrichum formosum	2.2
Vaccinium Myrtillus	5.5	*Dicranum undulatum*	+.3

Wir haben hier einen heidelbeerreichen Rotföhrenwald vor uns, der in einer solchen *Calluna*-Heide sekundär aufgekommen ist und sich wieder zum Fichtenwald entwickeln würde (Callunetum quercetosum Roboris ↗ Pinetum silvestris myrtillosum ↗ Piceetum).

Wird dieser Rotföhrenwald geschlagen, so kommt es wieder zur Heidelbeer-Heide und infolge der sonnigen Freilage wieder zur *Calluna*-Heide, von der wir ausgegangen sind.

Aus diesen drei Aufnahmen erkennen wir klar, daß *Calluna*-Heide, Heidelbeer-Heide und Kiefernwald genetisch miteinander irgendwie verbunden sind.

Die *Calluna* verlangt sehr viel Licht und kann Beschattung nur sehr schwer ertragen.

Die Heidelbeere verlangt Waldesschatten oder lokalklimatisch begünstigte Örtlichkeiten, also schattige luftfeuchte Lage. Aber hier in dieser tiefen Lage des Villacher Beckens (500 m), wo die Eiche günstige Lebensbedingungen findet, kann sich die Heidelbeere in ebener freier Lage nicht halten; hier unterliegt sie im Konkurrenzkampf immer mehr der *Calluna*, welcher die sonnigen, freien, ebenen Flächen viel mehr zusagen. Von einem heftigen Konkurrenzkampf kann man hier gar nicht reden, obwohl beide Arten den gleichen Rohhumusboden ertragen können, denn wie schon oben gesagt, liebt die eine Art Sonne und die andere Art Schatten bzw. große Luftfeuchtigkeit. Von einer wirklichen Konkurrenz können wir nur dann sprechen, wenn die Lebensansprüche ähnliche sind. Ja, es zeigt sich, daß der Konkurrenzkampf um so heftiger ist, je ähnlicher die Lebensansprüche sind.

In der menschlichen Gesellschaft ist es ja ebenso, Konkurrenz tritt nur dort auf, wo sich die Lebensinteressen berühren. Berühren sich die Lebensinteressen nicht, so gibt es auch keinen Konkurrenzkampf.

Wird also der heidelbeerreiche Rotföhrenwald geschlagen und damit der Heidelbeere ihre Lebenskraft genommen, so wird sie immer schwächlicher, magerer, zeigt einen großen Ausfall, vor allem dort, wo ihr die Lebensverhältnisse ganz besonders wenig zusagen, wo z. B. der Boden besonders trocken und wasserdurchlässig ist, aber sie kann sich am längsten dort halten, wo ihr das lokale Kleinklima und der Boden am besten zusagen.

Freilich kommt es dann noch zu Rückzugsgefechten, denn die *Calluna* faßt in den wenig lebenskräftigen Heidelbeer-Beständen dort Fuß und tritt mit ihr in Wurzelkonkurrenz, die dann aber umso unangenehmer wird, als beide Arten mehr oder weniger gleiche Bodenansprüche stellen.

Aber nicht lange behält die *Calluna*-Heide die Vorherrschaft, wenn das Wild, das weidende Vieh, der Mensch den Jungwald aufkommen lassen, denn die aufkommenden Sträucher beschatten in zunehmendem Maße die *Calluna*, nehmen ihr damit die Lebensbedingungen und bieten der Heidelbeere und anderen Arten, die auf diesem Boden hier wohl wachsen, aber auch Schatten ertragen können, bessere Lebensbedingungen, so insbesondere unter den Eichen.

Diesen Zusammenhängen ist es zuzuschreiben, daß die Heidelbeere hier so wenig aus dem Waldesschatten tritt, sich um die Stöcke hält und unter schattigen Sträuchern wieder aufkommt. Es ist also von vorneherein nicht leicht zu beurteilen, ob es sich um „noch Heidelbeere" oder „schon Heidelbeere" handelt.

Wie erklärt es sich aber, daß auch andere Arten hier und dort fehlen, aber andere hier und dort auftreten?

Daß im neuen Schlag, in dem noch die Heidelbeere fehlt, die Nitratpflanzen *Chamaenerion angustifolium* und *Rubus idaeus* vorhanden sind, aber im angrenzenden Wald und in der angrenzenden *Calluna*-Heide fehlen, ist leicht erklärlich. Im Walde wurden die Nitrate noch nicht frei (mobilisiert) und in der älteren *Calluna*-Heide sind diese schon verbraucht bzw. ausgewaschen.

Daß im Wald und im jungen Schlag *Melampyrum pratense* vorhanden ist, aber in der *Calluna*-Heide fehlten, ist leicht erklärlich, denn auf der jungen

Kahlschlagfläche hält sich noch *Melampyrum;* es verschwindet aber mit zunehmender Bodenverschlechterung ebenso wie die anspruchsvolleren Moose.

Neben der Wasserführung besitzt die nachschaffende Kraft des Bodens allergrößte Bedeutung. So wird eine *Calluna*-Heide eines wasserdurchlässigen, quarzitischen Sandbodens der Wiederbewaldung unter sonst gleichen Voraussetzungen viel größere Schwierigkeiten bereiten als ein wasserdurchlässiger Boden eines Sedimentgneises.

Wenn auch die *Calluna*-Heiden oft schwierig zu erfassen sind und über die Güte des Unterbodens oft wenig aussagen können, so geben sie doch alle den Hinweis, daß sie oberflächlich sehr verarmt sind und der Bewaldung große Schwierigkeiten bereiten.

Wirtschaftlich gesehen muß unter allen Umständen die Streunutzung ausgeschaltet werden und durch Vorbau von Birken, Aspen, Lupine sowie durch Reisigdeckung der Boden wieder verbessert werden.

Die Beurteilung streugenutzter Böden ist überaus schwer und verlangt sehr viel Erfahrung, denn der Plaggenhieb schafft immer wieder eine isolierende saure Humusschicht.

Vegetationskundliche Erfahrung gibt uns aber trotzdem aus dem Aufbau der Vegetation viele Hinweise zur Beurteilung des Standortes.

Immer müssen wir beachten, daß

1. die Streunutzung nicht gleichmäßig über die ganze Fläche, sondern plätzeweise erfolgt und wir daher immer wieder z. B. um die Stämme herum Stellen finden, die weniger streugenutzt sind;
2. muldige Lagen und Unterhänge eine bessere Wasserführung und damit bessere nachwachsende Kraft besitzen als die trockenen Lagen am Rücken und Oberhang;
3. Streunutzung nicht gleich Strenutzung ist; die Streunutzung durch Plaggenhieb wirkt sich viel ungünstiger aus als die Streunutzung mit Rechen.

Alle bisher besprochenen *Calluna*-Heiden stehen in Beziehung zum Stieleichenwald.

Nun bringen wir eine *Calluna*-Heide, die ein Waldverwüstungsstadium eines Rotföhrenwaldes ist, welcher in Beziehung zum Traubeneichenwald steht.

Eine solche *Calluna*-Heide untersuchte ich auf einem 25⁰ geneigten Südhang ober Ebnet bei Freiburg im Breisgau. Sie war von einem 10 m hohen Rotföhrenwald umschlossen.

Floristischer Aufbau:

Calluna vulgaris	5.5		*Castanea sativa*	+
Genista pilosa	1.2		*Fagus silvatica*	+⁰
Teucrium Scorodonia	1.2		*Abies alba*	+
Deschampsia flexuosa	1.2		*Prunus avium*	+
Quercus petraea	1.1			
Pinus silvestris	1.1		**Moosschicht:**	
Hieracium umbellatum	1.1			
Hieracium Lachenalii	+		*Pleurozium Schreberi*	3.5
Hieracium laevigatum	+		*Hylocomium splendens*	2.4
Solidago Virgaurea	+		*Dicranum scoparium*	2.3
			Polytrichum formosum	+
			Cladonia pyxidata	+.2

Wir haben es hier mit einer *Calluna*-Heide zu tun, die ein Waldverwüstungsstadium des Bodensauren Rotföhrenwaldes ist, welcher mit dem Bodensauren Traubeneichenniederwald in Beziehung steht (Pinetum silvestris quercetosum petraeae ⟍ CALLUNETUM teucrietosum Scorodoniae ⟋ Pinetum silvestris).

Zweifellos würde sie sich früher oder später zum Bodensauren Rotföhrenwald weiter entwickeln und zwar mit der Entwicklungstendenz zum Rotbuchen-Tannenwald.

Unterscheidungsarten dieser besonderen, atlantisch beeinflußten *Calluna*-Heide sind *Teucrium Scorodonia, Quercus petraea, Genista pilosa, Castanea sativa, Hieracium umbellatum, H. laevigatum.*

Bezeichnend für diese besondere Ausbildung ist das Auftreten der Tanne. Wenn diese auch in der *Calluna*-Heide wenig lebenskräftig wächst und früher oder später der Tannentrieblaus zum Opfer fallen wird, so ist es doch bezeichnend, daß die Tanne hier überhaupt aufkommen kann.

Eichenniederwaldbetrieb, Streunutzung und Kahlschlag haben den Boden so sehr herabgewirtschaftet. Bezüglich der wirtschaftlichen Folgerungen verweise ich auf die Ausführung Seite 23.

H. S t e f f e n hat die *Calluna*-reichen *Pinus silvestris*-Waldungen Ostpreußens genau untersucht. „Der Preußische Landrücken, und zwar in erster Linie seine Südabdachung, ist das eigentliche Gebiet der riesigen Kiefernwälder." „Die Kiefer ist ein ausgesprochener Sandbaum." Ein *Calluna*-reicher Rotföhrenwald hatte im Gebiet der Ochsenberge folgenden floristischen Aufbau:

<table>
<tr><td>B a u m s c h i c h t :</td><td></td><td>Anthoxanthum odoratum</td><td>4</td></tr>
<tr><td></td><td></td><td>Festuca ovina</td><td>4</td></tr>
<tr><td>Pinus silvestris</td><td>8*</td><td>Potentilla silvestris</td><td></td></tr>
<tr><td></td><td></td><td>(= P. erecta)</td><td>4</td></tr>
<tr><td>S t r a u c h s c h i c h t :</td><td></td><td>Calamagrostis arundinacea</td><td>2</td></tr>
<tr><td>Quercus Robur</td><td>2</td><td>Luzula pilosa</td><td>2</td></tr>
<tr><td>Juniperus communis</td><td>2</td><td>Luzula campestris</td><td>2</td></tr>
<tr><td></td><td></td><td>Convallaria majalis</td><td>2</td></tr>
<tr><td>K r a u t s c h i c h t :</td><td></td><td>Succisa pratensis</td><td>2</td></tr>
<tr><td></td><td></td><td>Pulsatilla patens</td><td>1</td></tr>
<tr><td>Calluna vulgaris</td><td>9</td><td></td><td></td></tr>
<tr><td>Cytisus ratisbonensis</td><td>6</td><td>M o o s s c h i c h t :</td><td></td></tr>
<tr><td>Melampyrum pratense</td><td>6</td><td></td><td></td></tr>
<tr><td>Vaccinium Vitis-idaea</td><td>5</td><td>Pleurozium Schreberi</td><td>8</td></tr>
<tr><td>Trientalis europaea</td><td>5</td><td>Dicranum undulatum</td><td>7</td></tr>
<tr><td>Vaccinium Myrtillus</td><td>4</td><td></td><td></td></tr>
</table>

Der Boden dieses *Calluna*-reichen *Pinus silvestris*-Waldes besteht nach H. S t e f f e n aus einer starken Rohhumusschicht mit darunter liegendem Sand; aber ohne Ortsteinschicht.

---

* Es bedeuten hier 10: absolut vorherrschend, bestandbildend;
    8: noch immer vorherrschend;
    6: zurücktretend, aber noch stark mitbestimmend;
    4: untergeordnet;
    2: vereinzelt;
    1: ganz vereinzelt (Spuren).

H u g o O s v a l d untersuchte am 19. Juli 1919 im H o c h m o o r g e b i e t auf der Moräneninsel bei Stumpamaden einen 5 m hohen *Pinus silvestris*-Wald mit folgendem Aufbau:

B a u m s c h i c h t (5 m hoch):

Pinus silvestris   4

Z w e r g s t r a u c h s c h i c h t :

Calluna vulgaris	5
Betula alba (= pubescens)	1
Vaccinium Myrtillus	1
Vaccinium uliginosum	1
Vaccinium Vitis-idaea	1

K r a u t s c h i c h t :

Melampyrum pratense   1

Trientalis europaea	1
Deschampsia flexuosa	1
Molinia coerulea	1

M o o s s c h i c h t :

Dicranum undulatum	4
Hylocomium parietinum (= *Pleurozium Schreberi*)	4
Hylocomium proliferum (= *Hylocomium splendens*)	4
Cladonia silvatica	1

H. O s v a l d stellt diesen Bestand zur *Pinus silvestris - Calluna vulgaris - Hylocomium parietinum - proliferum* - Assoziation.

Wird dieser *Pinus silvestris*-Wald niedergeschlagen, so verbleibt die *Calluna*-Heide, welche ich im Sinne meiner Vegetationsentwicklungstypen zum

Pinetum silvestris silicicolum callunosum ↘ CALLUNETUM hylocomiosum parietini proliferi ↗ Pinetum silvestris stelle.

H u g o O s v a l d stellt zu dieser Assoziation als eigene Variante einen moosreichen *Calluna*-Kiefernwald auf Torfboden, den er östlich von Nolskogen in Björnsjömossen am 3. September 1918 aufgenommen hat.

8. D i e *C a l l u n a* - H e i d e n a l s V e r w ü s t u n g s s t a d i e n d e s B o d e n s a u r e n L ä r c h e n w a l d e s,

(Laricetum deciduae ↘ CALLUNETUM silicicolum).

Eine *Calluna*-Zwergstrauch-Heide, die in sonniger Lage das Verwüstungsstadium eines Bodensauren, beweideten Lärchenwaldes ist, konnte ich in 1740 Meter Seehöhe im Gebiete der Erlacheralm ob Radenthein in Kärnten aufnehmen.

F l o r i s t i s c h e r A u f b a u :

Calluna vulgaris	4.5	*Juniperus sibirica*	+.2
Vaccinium Myrtillus	3.3	*Antennaria dioica*	+.2
Vaccinium uliginosum	3.3	*Carex sempervirens*	+.2
Loiseleuria procumbens	3.3	*Larix decidua*	+
Rhododendron ferrugineum	1.3	*Soldanella minima*	+
		Potentilla aurea	+
Nardus stricta	1.2	*Geum montanum*	+
Deschampsia flexuosa	1.2	*Leontodon helveticus*	+
Vaccinium Vitis-idaea	1.1	*Festuca rubra*	+
Homogyne alpina	1.1	*Luzula albida*	+
Anthoxanthum odoratum	1.1	*Luzula silvatica*	+

Luzula multiflora	$+$	*Rhytidiadelphus trique-*	
Agrostis rupestris	$+$	*trus*	$+.2$
Campanula Scheuchzeri	$+$	*Polytrichum formosum*	$+$

Moose:

| *Pleurozium Schreberi* | 5.5 |
| *Hylocomium splendens* | 3.3 |

Flechten:

Cetraria islandica	1.2
Cladonia alpestris	$+$
Cladonia rangiferina	$+.2$

Diese *Calluna*-Heide ist ein durch Kahlschlag und Waldweide verwüsteter Lärchenwald. Früher oder später würde hier sicherlich wieder die Lärche aufkommen und die Waldentwicklung zum voralpinen Fichtenwald führen (Laricetum rhodoretosum ferruginei myrtillosum ↘ Vaccinietum Myrtilli ↘ CALLUNETUM nardetosum ↗ Laricetum).

Das Auftreten der vielen Zwergsträucher mit den verschiedenen Standortsansprüchen ist aus der mosaikartigen Bodengestaltung mit ihrem Kleinrelief zu verstehen.

Die Gemsheide *(Loiseleuria procumbens)* siedelt auf den erhöhten Rücken, in etwas windgeschützterer Lage begleitet von der Moorheidelbeere *(Vaccinium uliginosum)*. In den windgeschützten Mulden findet wieder die Heidelbeere und die Rostalpenrose günstige Lebensbedingungen. Auch von der Moosschicht siedeln die Flechten *(Cladonia alpestris, Cladonia rangiferina, Cetraria islandica)* auf den erhöhten Rücken, während die Moose *Pleurozium Schreberi, Hylocomium splendens* und *Rhytidiadelphus triquetrus* in windgeschützten Mulden unter Heidelbeere und Rostalpenrose siedeln.

Andere Pflanzen, wie z. B. *Nardus stricta, Geum montanum, Festuca rubra, Anthoxanthum odoratum,* verdanken ihr Vorkommen der Weideraubwirtschaft.

Hält diese Weidenutzung an, so werden sich der Bürstling *(Nardus stricta)* und seine Begleiter ausbreiten. Diese ungeregelt betriebene Weidenutzung wirkt sich wirtschaftlich sehr ungünstig aus, weil durch die negative Weidenutzung ein Ödland entsteht, das weder der Viehwirtschaft noch der Waldwirtschaft einen Ertrag bringt.

Im Zuge der Ordnung von Wald und Weide wäre diese *Calluna*-Heide der Wiederbewaldung zuzuführen.

Waldbauliche Folgerungen: Die Wiederbewaldung dieser *Calluna*-Heide, die nach unseren Feststellungen ein Waldverwüstungsstadium des bodensauren Lärchenwaldes ist, muß den mosaikartigen Aufbau der Vegetation besonders berücksichtigen.

Wir müssen von der Überlegung ausgehen, daß die Wiederbewaldung dieses Ödlandes nicht etwa gleichmäßig über die ganze Fläche der *Calluna*-Heide zu erfolgen habe, sondern daß von den in bodenkundlicher und klimatischer Hinsicht günstigeren Kleinstandorten ausgegangen werden muß.

Die jungen Lärchen müssen dort eingepflanzt werden, wo die Heidelbeere *(Vaccinium Myrtillus)* die Rostalpenrose *(Rhododendron ferrugineum), Hylocomium splendens, Pleurozium Schreberi, Rhytidiadelphus triquetrus* erhöhten Windschutz anzeigen.

Wenn wir diese Ödlandaufforstung noch dadurch unterstützen, daß wir die Pflanzlöcher im Herbst graben und die Erde mit einigen Eßlöffeln Kalkdünger neutralisieren, so werden wir sicherlich einen großen Erfolg ernten.

Durch das Aufkommen der Lärchenjugend erhält auch die Umgebung Wind- und Schneeschutz, die windschutzbedürftigeren Pflanzen breiten sich aus und wir können mit diesen das Areal der Lärchenhorste erweitern.

So wird es uns gelingen, einen herabgewirtschafteten ungeschützten *Calluna*-Heideboden in 1740 m Seehöhe wieder zu bewalden.

Einige hundert Meter höher finden wir in ähnlicher Lage, aber nahezu in 2000 m Seehöhe, eine *Calluna*-Heide mit folgendem floristischem Aufbau:

Calluna vulgaris	5.5	*Vaccinium Myrtillus*	1.2
Calamagrostis villosa	3.2	*Luzula albida*	1.2
Vaccinium Vitis-idaea	2.2	*Anthoxanthum odoratum*	1.1
Arnica montana	2.2	*Pulsatilla alpina*	1.1
Rhododendron ferrugi-		*Solidago alpestris*	+
neum	1.3	*Deschampsia flexuosa*	+
Juniperus sibirica	1.3	*Gentiana Kochiana*	+
Hieracium intybaceum	1.2	*Leontodon helveticus*	+
Juncus trifidus	1.2	*Coeloglossum viride*	+

Auch diese *Calluna*-Heide ist ein Waldverwüstungsstadium des Lärchenwaldes, allerdings eines Lärchen-Zirben-Mischwaldes. Es handelt sich hier aber nicht um einen Lärchenwald der Unteren Nadelwaldstufe, also um einen Lärchenwald, der sich früher oder später zum Fichtenwald entwickelt hätte, sondern um einen Lärchenwald der Oberen Nadelwaldstufe (Pineto Cembrae - Laricetum ⤡ CALLUNETUM ⤢ Pineto-Cembrae-Laricetum).

Auch hier könnten wir bei der Wiederbewaldung in gleicher Weise vorgehen. Während aber der vorhin beschriebene Lärchenwald sich früher oder später zum Fichtenwald weiter entwickeln würde, vermag sich unser Lärchenwald in 2000 m Seehöhe nur zum Lärchen-Zirbenwald zu entwickeln.

Hier bleibt in dieser Höhe unter den jetzt herrschenden Klimaverhältnissen der Lärchen-Zirbenwald als Schlußgesellschaft, über die es eine Weiterentwicklung nicht mehr gibt.

Wir ersehen aus dem floristischen Aufbau dieses Bestandes, daß auch hier die Kleinreliefverhältnisse ganz entscheidende Bedeutung haben, denn jede kleine Bodenmulde, jeder Rücken schafft unterschiedliche Verhältnisse in der Windausgesetztheit und somit Feinerdeerosion, winterliche Schneebedeckung usw.

In unserem Bestande werden die Örtlichkeiten mit großer Windausgesetztheit von *Juncus trifidus*-Horsten besiedelt und jene mit geringerer Windausgesetztheit und somit längerer winterlicher Schneebedeckung von *Rhododendron ferrugineum* und *Vaccinium Myrtillus*.

Als Unterscheidungsarten dieser *Calluna*-Heide möchte ich hinausstellen: *Pulsatilla alpina, Gentiana Kochiana, Coeloglossum viride, Juncus trifidus.*

Eine andere *Calluna*-Heide untersuchte ich am 15° geneigten Südhang der Görlitzen ob Villach in Kärnten in 1775 m Seehöhe.

Floristischer Aufbau:

Calluna vulgaris	5.5	*Vaccinium Vitis-idaea*	2.2
Deschampsia flexuosa	3.2	*Nardus stricta*	2.2
Vaccinium Myrtillus	2.2	*Campanula Scheuchzeri*	1.1

Arnica montana	1.1	*Hypochoeris uniflora*	+
Carex pilulifera	1.1	*Luzula albida*	+
Carex sempervirens	1.1	*Luzula multiflora*	+
Festuca rubra	+.2	*Potentilla erecta*	+
Campanula barbata	+	*Agrostis tenuis*	+
Homogyne alpina	+		
Juniperus sibirica	+	M o o s s c h i c h t :	
Pulsatilla alpina	+		
Antennaria dioica	+	*Cetraria islandica*	2.2
Leontodon helveticus	+	*Cladonia rangiferina*	2.2
⎹ *Helictotrichon versicolor*	+	*Polytrichum formosum*	+

Vergleichende Untersuchungen zeigen uns, daß die *Calluna*-Heide folgend entstanden ist. Der ehemals heidelbeerreiche Lärchen-Fichten-Mischwald wurde im Interesse der Weidenutzung so gelichtet, daß diesem die Fichten entnommen wurden. Diese Lichtung hatte zur Folge, daß die Heidelbeere ihre Lebenskraft verlor und von der *Calluna*-Heide verdrängt wurde. Das Vieh fand nun in der ersten Zeit einige Weide; aber da es immer nur die Pflanzen wegfraß, die ihm schmeckten, setzten sich langsam in dieser negativen Auslese nur die Pflanzen durch, die nicht gefressen wurden. Um den Weidetieren doch noch einige Weidemöglichkeiten verschaffen zu können, wurden immer wieder die zurückgebliebenen Lärchen mehr gelichtet, bis schließlich kleine und größere Blößen entstanden, in denen die *Calluna*-Heide herrschend hervortrat. So wurde langsam der Südhang der Görlitzen entwaldet und die Ausbreitung der *Calluna*-Heide ermöglicht.

Die durch die Weideraubwirtschaft entstandene *Calluna*-Heide vom Südhang ist überall dort, wo sich das Gelände verflacht, reich an Bürstling *(Nardus stricta)* und dort, wo sie besonders windausgesetzt ist, wie auf Rücken, reich an Moorheidelbeere *(Vaccinium uliginosum)* (siehe Besprechung der *Vaccinium uliginosum*-Heide in Heft XIV).

Eine weitere *Calluna*-Heide konnte ich in einer mehr oder weniger windgeschützten Mulde auf einem 20⁰ Südost geneigten Hang am Weg von der Erlacherhütte zum Bocksattel ob Radenthein in 1950 m Seehöhe untersuchen.

F l o r i s t i s c h e r   A u f b a u :

Calluna vulgaris	5.5	*Luzula albida*	1.2
Calamagrostis villosa	3.2	*Hieracium intybaceum*	
Vaccinium Vitis-idaea	2.2	(= *albidum*)	1.2
Arnica montana	2.2	*Anthoxanthum odoratum*	1.1
Rhododendron ferrugi-		*Pulsatilla alpina*	1.1
neum	1.3	*Leontodon helveticus*	+
Juniperus sibirica	1.3	*Gentiana Kochiana*	+
Vaccinium Myrtillus	1.2	*Solidago alpestris*	+
Juncus trifidus	1.2	*Deschampsia flexuosa*	+

Aus vergleichenden Untersuchungen erfahren wir, daß dieser *Calluna*-Heide-Bestand ein Waldverwüstungsstadium des Lärchenwaldes ist und sich vermutlich nach Aufhören der ungeregelten Weide wieder zum Lärchenwald entwickeln würde (Laricetum deciduae ⭦ CALLUNETUM calamagrostosum villosae ⭧ Laricetum).

44

Niemals könnten hier *Rhododendron ferrugineum, Vaccinium Myrtillus*
und *Juniperus sibirica* so lebensfrisch wachsen, wenn es sich nicht um ehe-
maliges, mehr oder weniger windgeschütztes Waldgebiet handeln würde.

Wir könnten durch Einbringung von Lärche und Zirbe die Bewaldung
beschleunigen. Das Weißliche Habichtskraut *(Hieracium intybaceum)* und die
Bürstensimse *(Juncus trifidus)* wachsen an einer bodenoffenen, humusarmen
Stelle.

Schließlich bringen wir einen

B o d e n s a u r e n   L ä r c h e n w a l d,   d e r   i n   d e r   *C a l l u n a* - Z w e r g -
s t r a u c h - H e i d e   a u f g e k o m m e n   i s t.

Dieser Bodensaure Lärchenwald ist meist ein Waldverwüstungsstadium des
Fichtenwaldes.

So können wir auf trockenen Böden des Lärchen-Fichten-Klimagebietes in
der Unteren Nadelwaldstufe in sonniger Lage folgende Vegetationsentwicklung feststellen.

Wird hier am sonnigen Hang der geschlossene heidelbeerreiche Fichtenwald niedergeschlagen, so verbleibt als Waldverwüstungsstadium dieses heidelbeerreichen Fichtenwaldes die Heidelbeer-Heide übrig. Aber nicht lange;
denn die Heidelbeer-Heide erträgt in dieser frostgefährdeten, sonnigen Lage
auf trockenem Boden die plötzliche Freistellung nicht, verliert die Lebenskraft
und wird von der *Calluna*-Heide eingeengt und schließlich zurückgedrängt.

Die *Calluna*-Heide setzt sich in den folgenden Jahren durch und beherrscht
völlig die Vegetation.

Nun ist es klar, daß die *Calluna*-Heide hier im Klimagebiete des Lärchen-
Fichtenwaldes nicht die Schlußgesellschaft bildet, sondern früher oder später
vom Lärchen-Fichten-Mischwald abgebaut wird.

Nun zeigt es sich, daß wohl Lärche und Fichte in dem *Calluna*-Heide-
stadium aufkommen, daß sich aber die Fichte in dieser sonnigen Lage auf dem
trockenen Boden gegenüber der Lärche nicht durchzusetzen vermag. Die Lärche
gewinnt in diesem Konkurrenzkampf einen gewaltigen Vorsprung, den die
Fichte nicht einzuholen vermag. So wachsen die Lärchen in der *Calluna*-Heide
zum Bodensauren *Calluna*-reichen Lärchenwald heran und beherrschen die
Baumschicht.

In diesem Klimagebiete bleibt die Waldentwicklung hier nicht stehen.
Durch den Aufbau der reichlichen Lärchennadelstreu, insbesondere aber durch
die Beschattung des Bodens, bekommt der Boden einen besseren Wasserhaushalt und die Fichte vermag sich unter dem Schirme der Lärchenkronen lebenskräftig durchzusetzen. Im Zuge dieser Waldentwicklung zum Lärchen-Fichten-
Mischwald hat auch die *Calluna*-Heide ihre Lebenskraft verloren und wird in
zunehmendem Maße von der Heidelbeere zurückgedrängt, weil die Heidelbeere die Bodenbeschattung um vieles besser ertragen kann als die *Calluna*-
Heide.

Wir können geradezu sagen, daß sich hier im Klimagebiete des Lärchen-
Fichtenwaldes in sonniger Lage die *Calluna*-Heide zur Heidelbeer-Heide ebenso
verhält, wie die Lärche zur Fichte.

Wird der Lärchen-Fichtenwald im Interesse der Weidewirtschaft wieder
gelichtet, so verliert die Heidelbeere im Unterwuchs wieder die Lebenskraft
und wird von der *Calluna*-Heide zurückgedrängt.

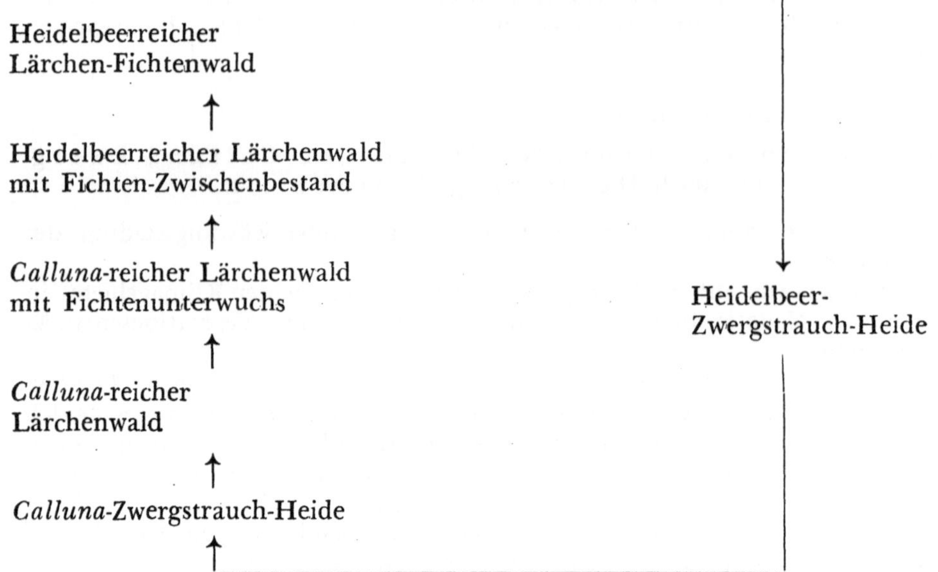

B e i s p i e l :

Einen *Calluna*-reichen Lärchenwald untersuchte ich in 1700 m Seehöhe auf einem 15⁰ geneigten sonnigen Hang auf der Görlitzen bei Villach in Kärnten und fand folgenden floristischen Aufbau auf 100 m²:

B a u m s c h i c h t :

   Larix decidua (0,7 bestockt, 12 m hoch)

S t r a u c h s c h i c h t :

Larix decidua	1.1
Picea excelsa	+⁰
Juniperus sibirica (= *J. nanu*)	+.2

N i e d e r w u c h s :

Calluna vulgaris	4.5
Vaccinium Myrtillus	3.2⁰

Vaccinium Vitis-idaea	2.3
Deschampsia flexuosa	2.3
Luzula albida	1.2
Veronica officinalis	1.2
Solidago alpestris	1.2
Carex sempervirens	+.2
Gentiana Kochiana	+.2
Geum montanum	+.2
Dianthus superbus	+.2
Arnica montana	+.2
Antennaria dioica	+.2
Anthoxanthum odoratum	+.2
Picea excelsa	+

Wir haben hier einen *Calluna*-reichen Lärchenwald vor uns, der in einer sekundären *Calluna*-Heide aufgekommen ist und sich früher oder später zum Lärchen-Fichtenwald entwickeln würde (Callunetum sec. ↗ LARICETUM callunosum ↗ Lariceto-Piceetum).

Wird dieser Lärchenwald kahl geschlagen, so kommt es wieder zur sekundären *Calluna*-Heide, die sich wieder zum Lärchenwald entwickeln würde. (Laricetum callunosum ⟍ Callunetum ⟋ Laricetum callunosum).

Wird die sekundäre *Calluna*-Heide der Weideraubwirtschaft zugeführt, so kommt es zum *Calluna*-reichen Bürstlingrasen (Callunetum sec. ⟍ Nardetum callunosum).

Eine solche *Calluna*-Heide mit vielen Beziehungen zum Bürstlingrasen, konnte ich auf einem 8° Süd geneigten Hang im Raume der Erlacheralm ob Radenthein in Kärnten in 1600 m Seehöhe untersuchen.

Floristischer Aufbau:

Calluna vulgaris	5.4		*Hieracium Pilosella*	+
Juniperus sibirica			*Hieracium Lachenalii*	+
(= *J. nana*)	3.3		*Carlina acaulis*	+
Vaccinium Myrtillus	3.2		*Deschampsia flexuosa*	+
Vaccinium Vitis-idaea	3.2		*Veronica officinalis*	+
Nardus stricta	3.2		*Genista sagittalis*	+
Carex sempervirens	3.2		*Carex pilulifera*	+
Gentiana Kochiana	2.2		*Luzula multiflora*	+
Rhinanthus aristatus s. l.	2.2		*Larix decidua*	+
Arnica montana	1.2		*Luzula albida*	+
Vaccinium uliginosum	1.2		*Campanula barbata*	+
Phyteuma hemisphaericum	1.2		*Pulsatilla alpina*	+
Potentilla erecta	1.1		*Dianthus superbus*	+
Anthoxanthum odoratum	1.1		*Loiseleuria procumbens*	+
Festuca rubra	1.1		*Leontodon helveticus*	+
Campanula Scheuchzeri	1.1		*Trifolium repens*	+
Homogyne alpina	1.1			
Carex pallescens	1.1			
Geum montanum	1.1		**Moose und Flechten:**	
Hypochoeris uniflora	1.1			
Euphrasia minima	+.2		*Pleurozium Schreberi*	1.3
Thesium alpinum	+.2		*Cetraria islandica*	1.2
Antennaria dioica	+		*Cladonia alpestris*	1.2

Wir haben hier eine *Calluna*-Heide vor uns, welche infolge der Weideraubwirtschaft sich zum Bürstlingrasen entwickelt (Laricetum ⟍ Callunetum ⟍ Callunetum nardetosum ⟍ Nardetum callunosum).

Eine ganze Reihe von Arten, welche für den Bürstlingrasen besonders bezeichnend sind, haben sich hier eingefunden, so z. B.:

Nardus stricta,	*Carex pallescens,*
Juniperus sibirica (= J. nana),	*Carex pilulifera,*
Potentilla erecta,	*Geum montanum,*
Antennaria dioica,	*Hypochoeris uniflora,*
Hieracium Pilosella,	*Campanula barbata,*
Hypericum maculatum,	*Dianthus superbus,*
Genista sagittalis,	*Euphrasia minima.*

Hört die Weideraubwirtschaft auf, so breitet sich die *Calluna*-Heide in zunehmendem Maße wieder aus (Nardetum ⁄ Nardetum callunosum ⁄ Callunetum nardetosum ⁄ Callunetum laricetosum ⁄ Laricetum callunosum).

Wirtschaftliche Folgerungen: Aus dem Gange der Waldentwicklung bzw. der Waldverwüstung durch Kahlschlag und Weideraubwirtschaft erfahren wir:

1. Die *Calluna*-Heide wird vorerst von der Lärche besiedelt. Die Fichte findet vorerst keine zusagenden Lebensbedingungen.
2. Die Waldentwicklung zum Fichtenwald wird durch pflegliche Wirtschaft begünstigt. Wird der sonnig gelegene Lärchenwald gelichtet, so findet die Fichte keine zusagenden Lebensbedingungen und kann im Unterwuchs nicht lebenskräftig heranwachsen.
3. Wenn nicht andere Gründe des Waldschutzes dagegen sprechen, ist der Abhieb des Lärchenwaldes zur Überführung in ein Weideland nur dann gerechtfertigt, wenn düngende Maßnahmen auf dem Fuße folgen.
4. Weideraubwirtschaft führt zum Bürstlingrasen. Es wäre sehr schade, wenn man den *Calluna*-reichen Lärchenwald niederschlagen würde, um den Boden ohne düngende Maßnahmen der Weidenutzung zuzuführen. Die *Calluna*-Heide würde zum Bürstlingrasen degradiert werden und wir würden völlig umsonst wertvollen Waldboden verlieren.

9. Die *Calluna*-Heiden als Verwüstungsstadien des Bodensauren Fichtenwaldes,

(Piceetum excelsae ⟍ CALLUNETUM silicicolum).

Als Beispiel bringe ich einen *Calluna*-Heide-Bestand, den ich im Piztal in Tirol auf einem 20—25° geneigten, grobblockigen Südhang in 1850 m Seehöhe am Wege zur Chemnitzer Hütte untersuchen konnte. Floristischer Aufbau: 10% offen.

Calluna vulgaris	4.4	*Larix decidua*	1.1
Arctostaphylos Uva-ursi	3.4	*Galium pumilum*	+
Juniperus sibirica		*Phyteuma hemisphaericum*	+
(= *J. nana*)	2.3	*Solidago alpestris*	+
Calamagrostis villosa	2.2	*Agrostis tenuis*	+
Rhododendron ferrugi-		*Anthoxanthum odoratum*	+
neum	1.3	*Avenastrum versicolor*	+
Deschampsia flexuosa	1.2	*Campanula barbata*	+
Lotus corniculatus	1.2	*Pulsatilla vernalis*	+
Picea excelsa	1.2	*Majanthemum bifolium*	+
Hieracium intybaceum	1.2	*Juncus trifidus*	+
Hieracium Bocconei	1.1	*Sempervivum Wulfenii*	+
Luzula albida	1.1	*Hypochoeris uniflora*	+ rr
Potentilla erecta	1.1		

Aus vergleichenden Untersuchungen stellen wir fest, daß diese *Calluna*-Heide ein Waldverwüstungsstadium des Lärchen-Fichten-Mischwaldes ist und sich über einen Lärchenwald wieder zum Lärchen-Fichtenwald entwickeln würde (Lariceto-Piceetum ⟍ Arctostaphyleto Uvae-ursi - CALLUNETUM juniperosum nanae ⁄ Laricetum).

Die sonnig gelegenen Lärchenwälder, welche die *Calluna*-Heiden immer wieder besiedeln, besitzen oft einen geschlossenen Unterwuchs von *Arctostaphylos Uva-ursi*.

Die Begleitpflanzen unserer *Calluna*-Heide zeigen teils größere Lebensansprüche, teils aber sind sie sehr genügsam. Dies kommt daher, weil der Boden mosaikartig ein Kleinrelief besitzt, aber auch daher, daß er ehemals schon einem geschlossenen Fichtenwald gute Lebensbedingungen geboten und einigen Humusboden aufgebaut hat.

Anspruchsvollere Arten unserer *Calluna*-Heide sind:

Alnus viridis,   *Majanthemum bifolium,*
Lotus corniculatus,   *Picea excelsa.*

Anspruchslosere Arten sind:

Juncus trifidus,   *Phyteuma hemisphaericum,*
Hieracium intybaceum,   *Sempervivum Wulfenii.*
Avenastrum versicolor,

B r a u n - B l a n q u e t hat in den rhätischen Alpen unsere *Calluna*-Heide als „Junipereto-Arctostaphyletum callunetosum" bezeichnet und folgendermaßen beschrieben:

„Die Assoziation Junipereto-Arctostaphyletum (B r. - B l. 1926) H a f f t e r 1939 ist in allen zentralen Bündnertälern an warmen Sonnenhängen zwischen 1600 und 2300 m verbreitet. Sie überzieht Lawinenschuttkegel, Flußalluvionen, warme steile Schutt- und Felshänge, wo der Baumwuchs ausgeschaltet oder künstlich zurückgedrängt ist. Da und dort überragt eine Lärche, Arve oder Fichte den 30—40 cm hohen Zwergstrauch-Teppich. Der Boden ist kalkarm, mäßig bis stark sauer, trocken und weniger humusreich als in den Gesellschaften des Loiseleurion und des Rhodoreto-Vaccinion. Die Podsolierung des Bodenprofils ist meist wenig fortgeschritten (unreifes Eisenpodsol). Das Junipereto-Arctostaphyletum erlangt große Ausdehnung in der subalpinen Stufe der Silikatketten des Engadin und des walliser Trockengebietes."

Von den Assoziationscharakterarten treffen wir in unserem *Calluna*-Heide-Bestand: *Juniperus sibirica, Arctostaphylos Uva-ursi, Calluna vulgaris, Sempervivum Wulfenii, Hieracium Bocconei.*

Die Subassoziation callunetosum, welche also unserer *Calluna*-Heide entspricht, tritt an flacheren Stellen und in den luftfeuchten Gebieten hervor. B r a u n - B l a n q u e t meint, daß in den Außenketten und im Vorderrheingebiet das Junipereto-Arctostaphyletum auf die steilsten Felshänge zurückgedrängt ist oder überhaupt fehlt, im übrigen von der *Calluna* - Subassoziation vertreten wird. B r a u n - B l a n q u e t meint ferner, daß das Junipereto-Arctostaphyletum ebenso wie die Subassoziation „callunetosum" bei guter Ausbildung Zeiger ehemaliger Bewaldung sind. Brand und Weidenutzung drängen die Zwergsträucher zurück.

W i r t s c h a f t l i c h e F o l g e r u n g e n : Das herrschende Hervortreten der Bärentraube gibt uns den Hinweis, daß der Boden überaus trocken ist.

Trotzdem gibt es auch in unserer *Calluna*-Heide mosaikartig Kleinstandorte mit besserem Wasser- und Nährstoffhaushalt.

Wir müssen also die Kleinstandorte beachten und müssen folgendermaßen anforsten:

1. Lärche und Zirbe in die Bestände von *Juniperus sibirica, Rhododendron ferrugineum* und *Calamagrostis villosa.*
2. Fichte in die Horste von *Alnus viridis, Majanthemum bifolium.*

Die bodentrockenen Stellen mit *Phyteuma hemisphaericum, Avenastrum versicolor, Hieracium intybaceum, Sempervivum Wulfenii, Juncus trifidus* müssen erst besseren Wasserhaushalt bekommen.

Als weiteres Beispiel bringe ich einen *Calluna*-Heide-Bestand, den ich am Wege von der Erlacheralm (ob Radenthein in Kärnten) auf den Rosennock in 1800 m Seehöhe untersuchte. Dort fand ich folgenden floristischen Aufbau:

Calluna vulgaris	5.5	*Leontodon helveticus*	+
Homogyne alpina	3.2	*Campanula barbata*	+
Vaccinium Vitis-idaea	2.2^0	*Antennaria dioica*	+
Vaccinium Myrtillus	1.2^0	*Veronica bellidioides*	+
Rhododendron ferrugi-		*Hieracium Auricula*	+
neum	1.2^0	*Phyteuma hemisphaericum*	+
Nardus stricta	1.2	*ᛁLeucorchis albida*	+
Festuca rubra	1.1	*Pulsatilla alpina*	+
Avenastrum versicolor	1.1	*Luzula multiflora*	+
Carex sempervirens	1.1	*Carex pilulifera*	+
Arnica montana	+.2	*Hieracium aurantiacum*	+
Potentilla erecta	+		
Geum montanum	+	**Moosschicht:**	
Gentiana Kochiana	+	*Polytrichum formosum*	1.2
Anthoxanthum odoratum	+	*Pleurozium Schreberi*	1.2^0
Agrostis tenuis	+	*Cetraria islandica*	1.1
Melampyrum silvaticum	+		

Aus vergleichenden Untersuchungen erfahren wir, daß diese *Calluna*-Heide ein Waldverwüstungsstadium des Lärchen-Zirben-Fichten-Mischwaldes ist. Es handelt sich hier um einen Wald, der ehemals reich an *Oxalis Acetosella, Majanthemum bifolium, Hieracium silvaticum, Dryopteris Filix-mas* und *Dryopteris austriaca* war und durch starke Lichtstellung (im Interesse der Weidenutzung) zum Rostalpenrosen-Heidelbeer-reichen Lärchen-Zirben-Fichtenwald herabgewirtschaftet wurde.

Als das Weidevieh keine Nahrung mehr fand, wurde der Wald völlig niedergeschlagen und zur Rostalpenrosen-Heidelbeer-Heide degradiert; diese ging durch die Lichtstellung langsam in die *Calluna*-Heide und durch den ungeregelten Weidebetrieb wieder in den Bürstlingrasen über.

Wird nun das Weidevieh abgezogen, weil es keine Nahrung mehr findet, so breitet sich wieder die *Calluna*-Heide aus und schließlich stellt sich wieder der Lärchen-Zirbenwald ein, der sich zum Rostalpenrosen-Heidelbeer-reichen Lärchen-Zirben-Fichten-Mischwald weiter entwickelt. Selbstverständlich kann die Weiterentwicklung zum kräuterreichen Fichtenwald erfolgen, wenn der wirtschaftende Mensch diesen Wald in Ruhe läßt.

Im Sinne meiner Vegetationsentwicklungstypen stelle ich unsere *Calluna*-Heide zum

Piceetum pinetosum Cembrae ↘ Rhodoreto-Vaccinietum Myrtilli ↘ CALLUNETUM ↘ Nardetum.

Wir treffen in unserem Callunetum eine ganze Reihe von Resten des Rhodoreto - Vaccinietum Myrtilli und auch Neuankömmlinge des Bürstlingrasens an, so z. B. Arten des Rhodoreto - Vaccinietums: *Rhododendron ferrugineum, Vaccinium Myrtillus;* Arten des Nardetums: *Nardus stricta, Festuca rubra, Potentilla erecta, Avenastrum versicolor, Carex sempervirens, Agrostis tenuis, Arnica montana, Leontodon helveticus, Campanula barbata, Antennaria dioica, Phyteuma hemisphaericum, Leucorchis albida, Luzula multiflora, Hieracium Auricula, Veronica bellidioides, Carex pilulifera.*

Daraus ersehen wir, daß unser *Calluna*-Heide-Bestand dem Nardetum um vieles näher steht als dem Rostalpenrosen-Heidelbeer-Bestand.

Es folgt eine schematische Darstellung, aus der der Gang der Vegetationsentwicklung ersichtlich ist.

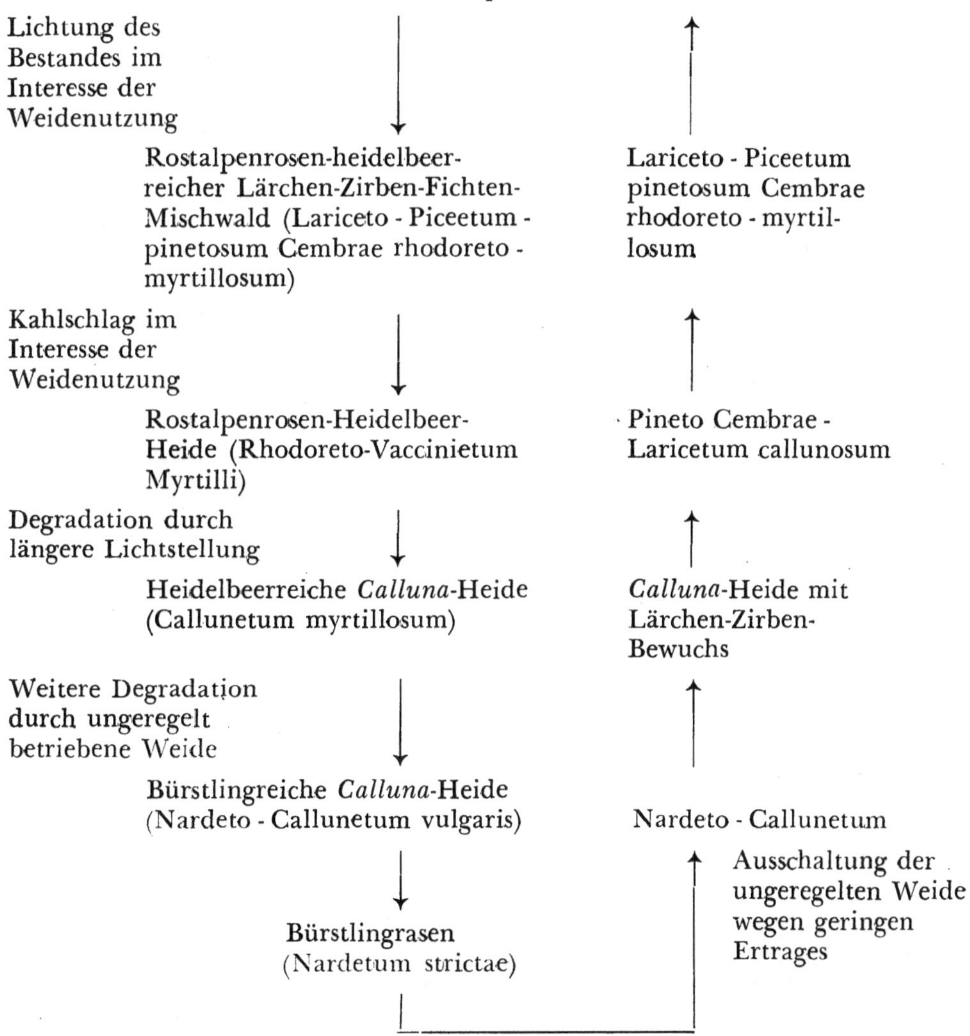

Zum Verständnis der syngenetischen Beziehungen zum Rhodoreto-Vaccinietum Myrtilli und zum Nardetum im Sinne obiger schematischen Darstellung möchte ich den floristischen Aufbau dieser Bestände aufzeigen.

Vorerst den floristischen Aufbau eines benachbarten Rostalpenrosen-Heidelbeer-Bestandes, welcher erst vor wenigen Jahren freigeschlagen wurde:

Rhododendron ferrugineum	5.5	**Mooss chicht:**	
Vaccinium Myrtillus	3.2	*Cetraria islandica platyphyllos*	2.4
Juniperus sibirica	2.3	*Dicranum scoparium*	+.2
Vaccinium Vitis-idaea	2.2	*Cladonia silvatica*	+
Deschampsia flexuosa	2.1		
Homogyne alpina	+		
Melampyrum silvaticum	+		
Luzula albida	+		
Solidago alpestris	+		
Potentilla erecta	+		
Arnica montana	+		
Pulsatilla alpina	+	durch die Weide	
Hypericum maculatum	+	hereingebracht	
Campanula Scheuchzeri	+		

Wir ersehen daraus, daß die Rostalpenrose und Heidelbeere lebenskräftig wächst, begleitet von Arten des Fichtenwaldes wie *Homogyne alpina* und *Melampyrum silvaticum*. Neben diesen haben sich schon eine ganze Reihe von Arten des Bürstlingrasens eingefunden.

Im benachbarten Bürstlingrasen finden wir folgenden Aufbau:

Nardus stricta	5.5	*Anthoxanthum odoratum*	+
Agrostis tenuis	2.2	*Melampyrum silvaticum*	+
Calluna vulgaris	1.2⁰	*Leontodon helveticus*	+
Potentilla erecta	1.1	*Veronica officinalis*	+
Festuca rubra	1.1	*Avenastrum versicolor*	+
Carex pilulifera	1.1	*Campanula barbata*	+
Hieracium Pilosella	1.1	*Potentilla aurea*	+
Carex sempervirens	1.1	*Antennaria dioica*	+
Homogyne alpina	+.2	*Veronica bellidioides*	+
Vaccinium Myrtillus	+.2⁰		
Vaccinium Vitis-idaea	+.2⁰	**Mooss chicht:**	
Geum montanum	+	*Polytrichum formosum*	1.2
Gentiana Kochiana	+	*Cetraria islandica*	+

Wir haben hier ein typisches voralpines Nardetum vor uns, welches durch den ungeregelten Weidebetrieb aus dem Callunetum entstanden ist. *Vaccinium Myrtillus* und *Vaccinium Vitis-idaea* haben bereits ihre Lebenskraft ebenso verloren wie die *Calluna*.

Wirtschaftliche Folgerungen: Der geschlossene Wald bot dem Weidevieh keine Nahrung, daher mußte er in zunehmendem Maße gelichtet werden, um dem Weidevieh die erforderliche Nahrung zu bieten.

Durch die Lichtung des Bestandes breitet sich im Unterwuchs der Rostalpenrosen-Heidelbeer-Bestand und schließlich der *Calluna*-Heide-Bestand aus, welcher sich durch den ungeregelten Weidebetrieb zum Bürstlingrasen entwickelt, der weder der Weide noch dem Walde Erträge bringt. Daher muß hier an eine Trennung von Wald und Weide geschritten werden, wobei der Weide dieser ebene Boden ausschließlich zur Verfügung zu stellen wäre. Allerdings ist diese geregelt durchzuführen und haben verschiedene düngende Maßnahmen der Entwaldung und Schwendung auf dem Fuße zu folgen.

Die für die Weidenutzung nicht benötigten *Calluna*-Heideflächen sind mit Lärche aufzuforsten, nachdem durch Zäunung irgendwelcher Art die Beweidung ferne gehalten wird. Ist einmal die Lärche aufgekommen, dann siedeln sich ganz von selbst früher oder später auch Zirbe, Eberesche und Fichte an und leiten die Waldentwicklung zum kräuterreichen Fichtenwald ein.

Es folgen nun sekundäre *Calluna*-Heiden der Silikatböden, die V e r w ü s t u n g s s t a d i e n   v e r s c h i e d e n e r   Z w e r g s t r a u c h - H e i d e n sind.*)

10. D i e   *C a l l u n a* - H e i d e n   a l s   V e r w ü s t u n g s s t a d i e n   d e r Heidelbeer-Heiden.

Aus den bisherigen Ausführungen haben wir erfahren, daß die Heidelbeere *(Vaccinium Myrtillus)* im Hinblick auf den Wärme- und Wasserhaushalt um vieles anspruchsvoller ist als die *Calluna*-Heide.

Es versteht sich daher, daß bei pfleglicher Wirtschaft und Hebung des Wärme- und Wasserhaushaltes *Vaccinium Myrtillus* in der *Calluna*-Heide aufkommt (Callunetum ⁄ Vaccinietum Myrtilli) und bei unpfleglicher Wirtschaft in der *Vaccinium Myrtillus*-Heide sich die *Calluna*-Heide ausbreitet (Vaccinietum Myrtilli ⬐ Callunetum).

Wird z. B. die *Vaccinium Myrtillus*-Heide vom ostwärts geneigten Gerlitzenhang geschwendet, so breitet sich die *Calluna*-Heide aus, denn sie ist um vieles genügsamer als die *Vaccinium Myrtillus*-Heide.

In diesem Falle würden auch andere anspruchsvollere Begleiter der *Vaccinium Myrtillus*-Heide ihre Lebenskraft verlieren und zurückgehen, wie z. B. *Juniperus sibirica, Rhododendron ferrugineum,* insbesondere aber auch *Pleurozium Schreberi.*

11. D i e   *C a l l u n a* - H e i d e n   a l s   V e r w ü s t u n g s s t a d i e n   d e r R o s t a l p e n r o s e n - H e i d e n
(Rhodoretum ferruginei ⬐ CALLUNETUM).

Immer wieder zeigt es sich, daß im Zuge der von der Alpenwirtschaft durchgeführten Schwendungsarbeiten Bestände der Rostalpenrose in *Calluna*-Heiden übergeführt werden.

---

*) Hieher gehören vor allem diese der alpinen Stufe. Innerhalb der Waldstufe aber nur diejenigen, deren Entstehung so weit zurückreicht, daß die Beziehung zur Waldgesellschaft verlorenging.

Da die Rostalpenrose winterlichen Schneeschutz benötigt, die *Calluna*-Heide diesen aber da und dort entbehren kann, verstehen wir es, daß die Degradation von der Rostalpenrosen-Heide zur *Calluna*-Heide nur dort möglich ist, wo im Zuge der Schwendungsarbeiten auch der Schneeschutz genommen wird.

Würde z. B. am Gerlitzen-Osthang ober den Bergerhütten der Grünerlen-Bestand niedergeschlagen und der Rostalpenrosen-Heide-Bestand geschwendet, so würde sich die *Calluna*-Heide ausbreiten. In diesem Falle würden aber neben der Rostalpenrose auch die Heidelbeere und alle übrigen anspruchsvolleren Arten ihre Lebenskraft verlieren und den Platz räumen (z. B. *Oxalis Acetosella, Majanthemum bifolium*) und es würde sich die *Calluna*-Heide mit ihren anspruchsloseren Begleitern ausbreiten.

In sehr schneereicher Lage mit kurzer Vegetationszeit findet die *Calluna*-Heide keine Lebensmöglichkeiten und es ist unter diesen Umweltbedingungen eine Degradation von der Rostalpenrosen-Heide zur *Calluna*-Heide nicht möglich.

In solchen Örtlichkeiten wird aber auch eine Schwendung der Rostalpenrosen-Heide niemals den erhofften Erfolg bringen.

W i r t s c h a f t l i c h e   F o l g e r u n g e n. Die Schwendung der Rostalpenrosen-Heide in sehr schneereicher Lage wird niemals zur *Calluna*-Heide führen, weil die *Calluna*-Heide zu lange winterliche Schneebedeckung nicht so gut ertragen kann wie die Heidelbeer-Heide oder die Rostalpenrosen-Heide.

Die Schwendung der Rostalpenrosen-Heide in nicht sehr schneereicher Lage führt zur *Calluna*-Heide. Damit haben wir für unsere Alpwirtschaft aber nichts erreicht; denn wir erhalten trotz hohen Arbeitsaufwandes nur eine noch minderwertigere Heide.

Daher sollte die Rostalpenrosen-Heide nur dann geschwendet werden, wenn der Schwendung düngende Maßnahmen auf dem Fuße folgen.

12. D i e   *C a l l u n a* - H e i d e   i n   B e z i e h u n g   z u r   G e m s h e i d e
Loiseleurietum procumbentis ⁄ CALLUNETUM

treffen wir einerseits dort an, wo infolge Wiederbewaldung der *Loiseleuria procumbens*-Bestand mehr Windschutz bekommt (Loiseleurietum procumbentis ⁄ CALLUNETUM) und dort, wo in sehr windoffener Lage ein *Calluna*-reicher Waldbestand niedergeschlagen wurde, z. B. Laricetum callunosum ↘ CALLUNETUM ↘ Loiseleurietum.

Diese *Calluna*-Heiden treffen wir aber nicht sehr häufig an, weil die Beziehung der *Calluna*-Heide zur *Vaccinium Myrtillus*-Heide und die Beziehung zur *Vaccinium uliginosum*-Heide eine viel engere und häufigere ist als diese zur *Loiseleuria*-Heide.

13. D i e   *C a l l u n a* - H e i d e   i n   B e z i e h u n g   z u r   M o o r b e e r e n -
H e i d e

treffen wir einerseits dort an, wo infolge Verbesserung der Umweltbedingungen die *Calluna*-Heide im Moorheidelbeer-Bestand aufkommt (Vaccinietum uliginosi ↘ CALLUNETUM), oder dort, wo infolge waldverwüstender Eingriffe die *Calluna*-Heide von der genügsameren Moorheidelbeer-Heide abgebaut wird, z. B. Laricetum callunosum ↘ CALLUNETUM ↘ Vaccinietum uliginosi.

Um die Beziehung der *Calluna*-Heiden und der übrigen Heiden zueinander klarzustellen, folgen sieben Aufnahmen von der gürtelförmigen Anordnung der Heiden am 20⁰ geneigten Osthang der Gerlitzen ober der Bergerhütte in 1840 m Seehöhe.

Wir bringen nachstehend den Aufbau verschiedener Heiden und eines Grünerlen-Bestandes, die am Gerlitzen-Osthang ober der Bergerhütte gürtelförmig angeordnet sind.

Nr. des Bestandes	1	2	3	4	5	6	7
Hochsträucher:							
Alnus viridis						1.2	5.5
Sorbus aucuparia						+	+
Larix decidua					+	+	+
Zwergsträucher:							
Loiseleuria procumbens	1.4	5.5	2.3				
Vaccinium uliginosum		2.3	4.5	2.3	2.3	+.2⁰	1.2
Calluna vulgaris		+⁰	2.3	5.5	1.2	+.2	1.2
Vaccinium Myrtillus			+.2⁰	1.2	4.5	3.3	3.4
Rhododendron ferrugineum					1.2	3.4	2.3
Vaccinium Vitis-idaea			+.2⁰		1.2	2.2	
Juniperus sibirica			+.2	+.2	1.2	2.2	1.2
Gräser:							
Deschampsia flexuosa		+	2.2	1.2	1.1	1.2	+⁰
Juncus trifidus	3.3	1.2					
Calamagrostis villosa				+.2	+.2	2.2	3.4
Avenastrum versicolor	1.1	+	+	+	+		
Festuca rubra				+	+		1.2
Luzula albida				+.2	1.2	1.2	2.2
Oreochloa disticha	1.2	+	+				
Anthoxanthum odoratum					+	+	1.2
Agrostis rupestris	+.2	+.2					
Carex sempervirens		+.2	+.2				
Carex pilulifera			+				
Festuca Halleri	+	+					
Krautige Pflanzen:							
Homogyne alpina		+	+	1.1	1.2	1.2	2.2
Pulsatilla alpina		+	+	+	+	+	
Lycopodium Selago			+.2	+.2	+.2	+.2	
Campanula Scheuchzeri		+	+	1.1	+		
Geum montanum				1.1	1.1		1.2
Melampyrum silvaticum			+		1.1	1.1	
Leontodon helveticus	+	+	+				
Potentilla aurea			+			+	+
Campanula barbata				+	+		1.2

Nr. des Bestandes	1	2	3	4	5	6	7
Phyteuma hemisphaericum	+	+	+				
Phyteuma nanum	+	+					
Senecio carniolicus	+	+					
Majanthemum bifolium						+	1.2
Oxalis Acetosella						1.2	2.3
Hypochoeris uniflora				+	+		
Rubus idaeus							2.3
Ranunculus aconitifolius							2.2
Senecio Fuchsii							2.2
Rumex arifolius							1.2
Silene Cucubalus							1.2
Hypericum perforatum							1.2
Solidago alpestris							1.2
Chamaenerion angustifolium							1.1
Peucedanum Ostruthium							1.2
Veratrum album							+
Polygonatum verticillatum							1.1
Athyrium alpestre							1.2
Dryopteris austriaca							1.2
Arnica montana				+			

Flechten:

	1	2	3	4	5	6	7
Cetraria islandica var. *crispa*	1.2	2.2					
Cladonia silvatica	1.2	1.2					
Cladonia rangiferina		1.2					
Cladonia cucullata		+					
Cladonia gracilis		+					
Thamnolia vermicularis	+						

Moose:

	1	2	3	4	5	6	7
Polytrichum formosum				1.2		1.2	+
Pleurozium Schreberi					3.4	4.5	1.4
Hylocomium splendens						1.3	+.3
Rhytidiadelphus triquetrus						2.3	2.3

Auf nebenstehender Darstellung bedeuten die Keile 1—12:

1. Abnehmender Windeinfluß.
2. Abnehmende Sonnenbestrahlung.
3. Zunehmende winterliche Schneebedeckung.
4. Zunehmende Feinerdeablagerung.
5. Zunehmende wasserhaltende Kraft.
6. Zunahme der Wasserzufuhr vom Oberhang und durch Niederschlag.
7. Zunehmender Wärmehaushalt.
8. Zunehmender Nährstoffhaushalt.
9. Zunehmend höher wachsender und besser geschlossener Pflanzenbestand.
10. Zunehmendes Bodenleben.
11. Zunehmende Bodendurchlüftung.
12. Zunehmende Aufschließung des Rohhumus zu mildem Humus.

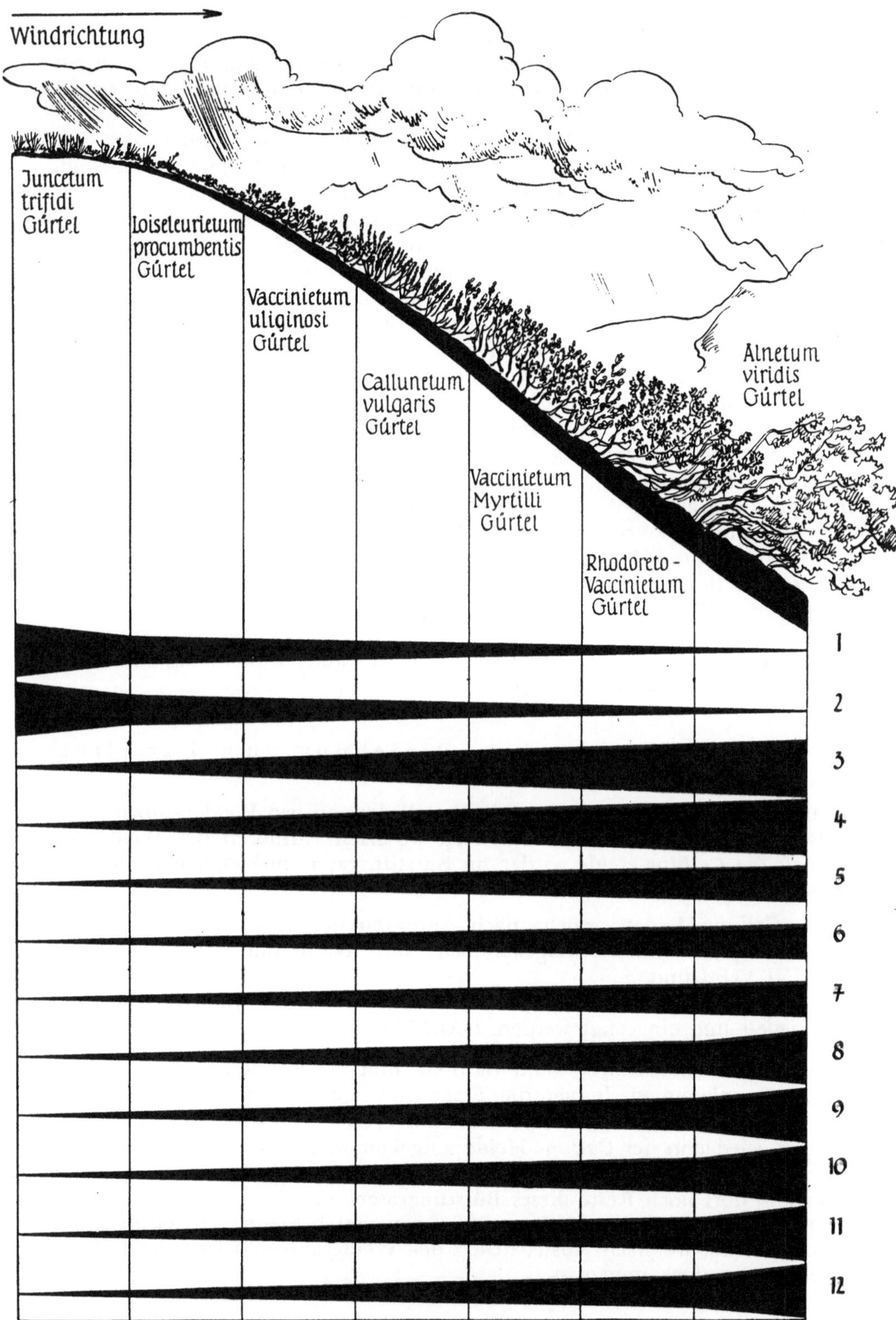

Windrichtung
Juncetum trifidi Gürtel
Loiseleurietum procumbentis Gürtel
Vaccinietum uliginosi Gürtel
Callunetum vulgaris Gürtel
Vaccinietum Myrtilli Gürtel
Rhodoreto - Vaccinietum Gürtel
Alnetum viridis Gürtel
1
2
3
4
5
6
7
8
9
10
11
12

Wir haben in Aufnahme Nr. 4 eine *Calluna*-Heide vor uns, die in Beziehung zur Moorheidelbeer-Heide steht.

Diese *Calluna*-Heide liegt in einem Gürtel zwischen einem oberhalb liegenden windoffenen *Vaccinium uliginosum*-Bestand und einem unterhalb liegenden windgeschützteren *Vaccinium Myrtillus*-Bestand.

Wird diese *Calluna*-Heide pfleglich bewirtschaftet, so wandert der *Vaccinium Myrtillus*-Bestand in den *Calluna*-Bestand ein und die *Calluna*-Heide geht langsam in eine *Vaccinium Myrtillus*-Heide über (Callunetum ⁄ Vaccinietum Myrtilli). Wird aber der *Calluna*-Bestand unpfleglich bewirtschaftet, z. B. geschwendet, so wird die *Calluna*-Heide von der *Vaccinium uliginosum*-Heide zurückgedrängt (Callunetum ⟍ Vaccinietum uliginosi).

Das Aufkommen von *Vaccinium Myrtillus* in der *Calluna*-Heide bei pfleglicher Wirtschaft ist verständlich, wenn man bedenkt, daß durch die pflegliche Wirtschaft *Alnus viridis* höher heraufwandert und daß damit der Schnee früher und länger liegen bleibt. Damit wird der Wärme-, Wasser- und Nährstoffhaushalt des Bodens gehoben und das Vordringen der anspruchsvollen *Vaccinium Myrtillus*-Heide in die *Calluna*-Heide ermöglicht.

Das Aufkommen von *Vaccinium uliginosum* in der *Calluna*-Heide bei unpfleglicher Wirtschaft wird verständlich, wenn man bedenkt, daß durch diese Wirtschaft der Wärme-, Wasser- und Nährstoffhaushalt des Bodens herabgesetzt wird und damit das Vordringen der anspruchsloseren *Vaccinium uliginosum*-Heide in die *Calluna*-Heide ermöglicht wird.

Ausgelöst durch verschiedene waldverwüstende Eingriffe stehen die *Calluna*-Heiden in Beziehung zu verschiedenen Rasengesellschaften.

So z. B. im ebenen und mäßig geneigten Gelände bei Weideraubwirtschaft in Beziehung zum Bürstlingrasen oder im sonnigen Steilhang-Gelände in Beziehung zum Buntschwingelrasen.

14. Die *Calluna*-Heiden in Beziehung zum Bürstlingrasen.

Diese *Calluna*-Heiden treffen wir überall dort an, wo Weideraubwirtschaft den Bürstlingrasen begünstigt oder dort, wo nach Aufhören der Weideraubwirtschaft die *Calluna*-Heide wieder im Bürstlingrasen aufkommen kann.
Demnach unterscheiden wir:

a) Die *Calluna*-Heiden, welche nach Aufhören der Weideraubwirtschaft im Bürstlingrasen wieder aufgekommen sind, Nardetum strictae ⁄ CALLUNETUM und

b) die *Calluna*-Heiden, welche durch Weideraubwirtschaft vom Bürstlingrasen besiedelt und eingeengt werden, CALLUNETUM ⟍ Nardetum.

Daher müssen wir uns, wenn *Calluna*- und *Nardus*-Bestände gesellschaftlich zusammenkommen, immer die Frage vortragen, ob die *Nardus*-Bestände „n o c h" in der *Calluna*-Heide vorkommen oder ob die *Nardus*-Bestände „s c h o n" wieder in der *Calluna*-Heide aufgekommen sind.

In der *Calluna*-Heide, welche im Bürstlingrasen aufgekommen ist, treffen wir da und dort noch Reste dieses Bürstlingrasens.

Diese *Calluna*-Heiden treffen wir in den verschiedenen Höhenstufen des Waldes dort an, wo nach Ausschaltung der Weideraubwirtschaft die *Calluna*-Heide wieder aufgekommen ist.

Wird z. B. ein heidelbeerreicher Fichtenwald (Piceetum myrtillosum), welcher im Lärchenwald aufgekommen ist, niedergeschlagen und wird die zurückbleibende Heidelbeer-Heide (Vaccinietum Myrtilli) durch Weideraubwirtschaft in einen Bürstlingrasen übergeführt, so kommt nach Aufhören der Weideraubwirtschaft im Bürstlingrasen wieder die *Calluna*-Heide auf. Der Ablauf der Vegetationsentwicklung verläuft in diesem Falle folgend: (Piceetum myrtillosum ⭨ Vaccinietum Myrtilli ⭨ Nardetum myrtillosum ⭨ Nardetum ⭧ CALLUNETUM ⭧ Callunetum laricetosum ⭧ Laricetum piceetosum ⭧ Piceetum laricetosum).

Aus dieser Vegetationsentwicklung ersehen wir, daß das Callunetum nach Aufhören der Weideraubwirtschaft im Nardetum aufgekommen ist.

Dabei zeigt es sich aber, daß die Lärche nicht direkt im Bürstlingrasen aufkommt, weil sie den luftarmen, verdichteten Boden nicht ertragen kann. Sie kann erst dann gedeihen, wenn die *Calluna*-Heide den Bürstlingrasen zurückgedrängt hat. So berichtet mir auch E c k m ü l l n e r aus dem steiermärkischen Pretulgebiet, daß die Lärche im Bürstlingrasen nicht aufkommt, wohl aber dann, wenn das Nardetum vom Callunetum verdrängt wurde und damit der Boden eine bessere Lockerung erhalten hat.

Es folgen nun vier *Calluna*-Heide-Bestände, die ich am Feldberggipfel im südlichen Schwarzwald aufnehmen konnte.

Nummer der Aufnahme:	1	2	3	4
Meereshöhe in Metern:	1480	1490	1490	1490
Himmelslage:	S	S	eben	N
Neigung in Graden:	4	2		5

F l o r i s t i s c h e r   A u f b a u :

	1	2	3	4
Calluna vulgaris	5.5	4.3	5.5	5.5
Vaccinium Vitis-idaea	4.3	2.2	2.2	1.2
Vaccinium Myrtillus	+.2	+	1.2	+⁰
Meum athamanticum	2.2	2.2	1.2	+⁰
Arnica montana	2.2	+	+	+
Luzula albida	1.2	1.2	+	+
Deschampsia flexuosa	1.2	1.1	2.1	2.2
Festuca rubra	1.1	2.2	2.1	1.1
Agrostis tenuis	1.1	1.1	1.1	+.1⁰
Nardus stricta	1.2	1.2	2.2	1.2
Leontodon helveticus	1.1	1.1	1.1	1.1
Campanula Scheuchzeri	+	+	+	+
Rumex arifolius	+⁰	+⁰	+⁰	+⁰
Potentilla erecta	+	1.2	+	
Potentilla aurea	+	+	+	
Luzula multiflora		1.1	1.1	1.1
Carex pilulifera		+.1	1.1	1.1

M o o s s c h i c h t :

	1	2	3	4
Rhytidiadelphus triquetrus	3.3	2.2	1.2	4.3
Pleurozium Schreberi	2.3	1.2	1.2	1.2
Polytrichum formosum	1.1	1.1	1.1	1.1
Cetraria islandica	1.1	+	3.2	1.1

Ferner enthielten die Aufnahmen folgende Pflanzen: Nr. 1: *Solidago Virgaurea* +, *Sorbus aucuparia* +°, *Polygata serpyllifolia* +, *Galium helveticum* +, *Chrysanthemum Leucanthemum* +, *Leucorchis albida* +, *Dicranum scoparium* +. Nr. 2: *Galium helveticum* +.2, *Leucorchis albida* +, *Polygonum Bistorta* +. Nr. 4: *Antennaria dioica* +, *Picea excelsa* +°, *Rhytidiadelphus loreus* 1.2.

Alle Aufnahmen entstammen Meereshöhen von 1480 bis 1490 m und sind schon viele Jahrzehnte unbewaldet. Sie besitzen durch die ungeregelt betriebene Weideraubwirtschaft Beziehungen zum Bürstlingrasen (Nardetum) und damit einen verdichteten trockenen Rohhumusboden.

Die Arten des Bürstlingrasens *(Nardus stricta, Carex pilulifera, Leucorchis albida, Arnica montana)* treten daher immer wieder hervor. Besonders bezeichnend für diese *Calluna*-Heiden der Schwarzwaldhöhen ist das Auftreten von *Galium helveticum*, *Meum athamanticum* und *Leontodon pyrenaicus*.

Wie aus den Aufnahmen zu sehen, tritt überall die *Calluna*-Heide herrschend hervor und die Heidelbeere nimmt eine ganz untergeordnete Stellung ein. Dies ist zu verstehen, denn alle Örtlichkeiten sind überall windausgesetzt und apern sehr früh aus. Nur im Schatten oder im Windstau einiger Bäume oder Baumgruppen vermag sich die Heidelbeere zu halten.

Ferner geht hervor, daß der Bürstling *(Nardus stricta)* in allen Aufnahmen vertreten ist.

Werden diese *Calluna*-Heide-Bestände der Weideraubwirtschaft zugeführt und betreten, so gewinnt *Nardus* um so mehr an Boden, je stärker sie betreten werden.

Aus diesen Zusammenhängen geht klar hervor, daß sich an Stelle der *Calluna*-Heide erst dann die Heidelbeer-Heide aufbringen läßt, wenn es gelingt, den Windeinfluß zu brechen. Bretterzäune, gittermaschige Drahtzäune und wie alle die Maßnahmen heißen mögen, welche den Windeinfluß brechen und den Schnee zur Ablagerung bringen, begünstigen also die Weiterentwicklung der *Calluna*-Heide zur Heidelbeer-Heide.

Auch die Eberesche könnte zur Bodenverbesserung und Schneebindung aufgebracht werden. Sie würde nicht nur den Wind ein wenig brechen und den Schnee zur Ablagerung bringen, sondern auch den Boden durchwurzeln, verbessern und das Aufkommen der Fichte begünstigen. Allerdings müßte auf die Auswahl einer besonderen bodenständigen Standortsrasse Rücksicht genommen werden.

Die einzelnen *Calluna*-Heide-Bestände sind einander sehr ähnlich. Zu beachten ist nur, daß in der Aufnahme Nr. 1 und 2 die Preißelbeere *(Vaccinium Vitis-idaea)* sehr stark hervortritt, was auf die sonnige Lage der beiden Bestände zurückzuführen ist. Der *Calluna*-Heide-Bestand der Aufnahme Nr. 3 ist besonders windausgesetzt und besitzt daher einen sehr großen Anteil an Isländischem Moos *(Cetraria islandica)* und geringen Anteil an anspruchsvollerem Kranzmoos *(Rhytidiadelphus triquetrus)*. Hingegen ist der schwach Nord geneigte *Calluna*-Heide-Bestand der Aufnahme Nr. 4 wieder sehr reich an Kranzmoos. Bei der Betrachtung dieser *Nardus*-reichen *Calluna*-Heide-Bestände ist besonders zu beachten, daß die Bürstlingrasen, welche durch stärkeren Betritt dieser *Calluna*-Heiden entstehen (Callunetum ↘ NARDETUM callunetosum), nicht gleich zu setzen sind den Bürstlingrasen, welche durch stärkeren Betritt der Heidelbeer-Heiden (Vaccinietum Myrtilli ↘ NARDETUM myrtilletosum) entstanden sind. Siehe auch unsere Ausführungen bei Besprechung der Heidelbeer-Heiden.

Ein Bürstlingrasen, welcher westlich vom Feldbergturm schwach Süd geneigt neben der *Calluna*-Heide der Aufnahme Nr. 2 liegt, zeigt folgenden floristischen Aufbau:

Nardus stricta	5.5	*Galium helveticum*	+
Festuca rubra	2.2	*Carex caryophyllea*	+
Meum athamanticum	2.2	*Luzula albida*	+
Potentilla erecta	1.2	*Hieracium Pilosella*	+
Potentilla aurea	1.2	*Leontodon pyrenaicus*	+
Agrostis tenuis	1.1	*Arnica montana*	+
Carex pilulifera	1.1	*Deschampsia flexuosa*	+
Vaccinium Vitis-idaea	+.2	*Campanula Scheuchzeri*	+
Vaccinium Myrtillus	+.2°	*Luzula multiflora*	+
Calluna vulgaris	+.2		

15. D i e *C a l l u n a* - H e i d e n   i n   B e z i e h u n g   z u m   B u n t s c h w i ng e l r a s e n (Festucetum variae ∕ CALLUNETUM vulgaris).

Auch diese *Calluna*-Heide treffen wir bei waldverwüstenden Eingriffen als Rückzugsstadium (CALLUNETUM vulgaris ∖ Festucetum variae) oder auch als Stadium der Wiederbewaldung (Festucetum variae ∕ CALLUNETUM vulgaris).

Ein *Calluna vulgaris*-Rückzugsstadium konnte ich auf einem 50° nach Süden geneigten Hang westlich ober der Erlacherhütte im Langalpental ob Radenthein in Kärnten (1830 m Seehöhe) studieren.

F l o r i s t i s c h e r   A u f b a u :

Festuca varia	4.3	*Pinus Cembra*	+
Calluna vulgaris	3.3	*Juniperus sibirica*	
Carex sempervirens	2.2	(= *J. nana*)	+
Luzula albida	2.2	*Dianthus superbus*	+
Agrostis rupestris	2.2	*Phyteuma Zahlbruckneri*	+
Arnica montana	2.2	*Carlina acaulis*	+
Juncus trifidus	2.2	*Chrysanthemum corym-*	
Gentiana Kochiana	2.2	*bosum*	+
Thymus Trachselianus	2.2	*Hypericum maculatum*	+
Chrysanthemum Leu-		*Rosa pendulina*	+
canthemum	2.1	*Hieracium intybaceum*	+
Campanula Scheuchzeri	2.1	*Solidago alpestris*	+
Helictotrichon versicolor	1.2	*Veratrum album*	+
Vaccinium Vitis-idaea	1.2	*Hypochoeris uniflora*	+
Phyteuma hemisphaericum	1.2	*Campanula barbata*	+
Deschampsia flexuosa	1.2	*Silene rupestris*	+
Galium anisophyllum	1.2	*Knautia drymeia*	+
Rhinanthus aristatus	1.2	*Antennaria dioica*	+
Gentiana rhaetica	1.2	*Cladonia alpestris*	1.2
Anthoxanthum odoratum	1.1	*Cladonia silvatica*	1.2
Silene nutans	1.1	*Cetraria islandica*	+

Vergleichende Untersuchungen haben ergeben, daß der Boden dieses Festucetum variae callunosum ehemals vom *Calluna*-reichen Lärchen-Zirben-Mischwald besiedelt war (Pineto Cembrae - Laricetum callunosum) und daß nach Kahlschlag dieser Bestand sich über ein Callunetum zum Festucetum callunetosum entwickelt.

Zweifellos ist die *Calluna*-Heide, begünstigt durch den Weidetritt, in Rückzug begriffen; denn der Weidetritt öffnet den Boden und ermöglicht das Aufkommen von Begleitern des Nardetums und des Festucetum variae. Der Gang der Vegetationsentwicklung verläuft hier folgend: Pineto Cembrae Laricetum callunosum ⟍ Callunetum ⟍ Callunetum festucetosum variae ⟍ Festucetum variae callunetosum.

Wirtschaftliche Folgerungen: Die rücksichtslose Weideraubwirtschaft hat insbesondere bei nassem Wetter den Boden dieses Steilhanges derartig aufgerissen, daß sich der geschlossene *Calluna*-Bestand nicht halten konnte und sich Begleiter des Buntschwingelrasens einfinden konnten.

Die Weideraubwirtschaft muß also auf alle Fälle unterbleiben und es dürfen die steilen sonnigen Hänge überhaupt nicht beweidet werden.

Die Arten *Arnica montana, Thymus Trachselianus, Hypericum maculatum, Veratrum album, Hypochoeris uniflora, Campanula barbata, Antennaria dioica* werden durch die negative Weideauslese so lange gefördert, als der Oberboden rohhumusreich ist.

Mit Einsetzen pfleglicher Wirtschaft würde sich der *Calluna*-Bestand wieder schließen und es würde sich wieder ganz von selbst der Lärchen-Zirbenwald einfinden (Festucetum variae ⟋ Callunetum vulgaris festucetosum variae ⟋ Callunetum vulgaris laricetosum ⟋ Pineto Cembrae - Laricetum deciduae).

II. Gruppe.

Die *Calluna*-Heiden basischer Bodenunterlage,
CALLUNETUM calcicolum.

A. Die primären *Calluna*-Heiden im Kalkgebiet könnte es nur in der alpinen Stufe geben, wo aus klimatischen Gründen der Boden über der basiphilen Vegetation eine saure Rohhumusschicht aufbaut.

B. Die sekundären *Calluna*-Heiden über basischer Bodenunterlage ⟍ CALLUNETUM calcicolum sec.

Diese *Calluna*-Heiden treffen wir nur dort an, wo Kahlschlag und verschiedene waldverwüstende Eingriffe Rohhumus geschaffen haben; denn die *Calluna*-Heide benötigt sauren Rohhumusboden, welcher in primärer ungestörter Entwicklung über Kalkboden niemals entstehen kann.

Erst wenn durch die waldverwüstenden Eingriffe das Bodenleben gestört wird und damit die Aufarbeitung des Bestandesabfalles in milden Humus nicht erfolgen kann, sondern roh liegen bleibt, können sich über basischer Bodenunterlage die Rohhumuspflanzen sekundär einfinden.

Als Beispiel einer solchen *Calluna*-Heide als Verwüstungsstadium des Bodensauren Latschenbestandes (Pinetum Mugi acidiferens ⟍ CALLUNE-TUM) könnte ich auf einem 10° geneigten Nordwesthang auf der Brunnerhöhe ober der Erlacherhütte ob Radenthein in Kärnten in 1950 m Seehöhe untersuchen.

Die Brunnerhöhe ist ein Höhenrücken, der die Wasserscheide zwischen dem Langalpental und dem Tal von St. Oswald bildet. Das Grundgestein dieses Kammes ist silikatisch; nur auf der Brunnerhöhe zieht sich eine Kalkader durch, welche die Höhen und Rücken, Täler und Gräben durchschneidet.

Floristischer Aufbau der *Calluna*-Heide:

Calluna vulgaris	4.5	*Leontodon helveticus*	+
Vaccinium Myrtillus	3.3	*Festuca rubra*	+
Vaccinium uliginosum	3.3	*Luzula albida*	+
Loiseleuria procumbens	3.3	*Agrostis rupestris*	+
Rhododendron ferrugineum	1.3	*Luzula Sieberi*	+
		Luzula multiflora	+
Nardus stricta	1.2	*Campanula Scheuchzeri*	+
Deschampsia flexuosa	1.2		
Vaccinium Vitis-idaea	1.1	**Moosschicht:**	
Homogyne alpina	1.1		
Anthoxanthum odoratum	1.1	*Pleurozium Schreberi*	5.5
Larix decidua	+	*Hylocomium splendens*	3.2
Juniperus sibirica	+.2	*Rhytidiadelphus triquetrus*	+.2
Antennaria dioica	+.2	*Polytrichum formosum*	+
Carex sempervirens	+.2		
Soldanella minima	+	*Cetraria islandica*	1.2
Potentilla aurea	+	*Cladonia rangiferina*	+.2
Geum montanum	+	*Cladonia alpestris*	+

Aus dem floristischen Aufbau dieser *Calluna*-Heide ersehen wir:

1. daß neben der *Calluna*-Heide auch andere azidiphile Zwergsträucher auftreten, wie *Rhododendron ferrugineum, Vaccinium Myrtillus, Vaccinium uliginosum, Loiseleuria procumbens,* .
2. daß eine ganze Reihe von Begleitern des Bürstlingrasens vertreten sind, wie *Nardus stricta, Antennaria dioica, Potentilla aurea, Geum montanum,*
3. daß der floristische Aufbau entsprechend dem Kleinrelief des Bodens mosaikartig ist. Auf den kleinen Erhebungen ist der Boden trockener und windausgesetzter als in den kleinen Vertiefungen.

Es entspricht also dem mosaiken Kleinrelief die mosaike Verteilung der Pflanzen. Wir haben also eigentlich einen Mosaikkomplex vor uns, in dem insbesondere abwechseln:

a) kleine Horste der Heidelbeer-Rostalpenrosen-Heide,
b) kleine Horste der Heidelbeer-Heide,
c) kleine Horste der Moorheidelbeer-Heide,
d) kleine Horste der Gemsheide,
e) kleine Horste des Bürstlingrasens.

Die *Calluna*-Heide überdeckt aber doch mehr oder weniger die ganze Fläche und nimmt eine beherrschende Stellung ein.

Wie ist es eigentlich zu diesem Zwergstrauchheide-Mosaik gekommen? Wie uns der Besitzer dieser Fläche mitteilte, wuchs hier ehemals ein Rostalpenrosen-Heidelbeer-reicher Latschenbestand.

Im Interesse der Weidegewinnung hat er diesen Bestand niedergeschlagen. Nun verblieb ein Rostalpenrosen-Heidelbeer-Bestand, der dann langsam in die *Calluna*-Heide überging. Ich fragte nun den Bauern, ob er mit dem Erfolg der Schwendung zufrieden sei. Darauf sagte der Bauer, auf den Pflanzenbestand hinweisend: „Sehen Sie sich doch selbst den Bestand an. Früher konnte das Weidevieh gar nicht in den Bestand eindringen, jetzt wachsen hier doch einige Kräuter, wie der Löwenzahn *(Leontodon helveticus)*, die Glockenblume *(Campanula Scheuchzeri)* und einige Gräser *(Nardus stricta, Carex sempervirens, Anthoxanthum odoratum, Deschampsia flexuosa, Luzula albida, Luzula Sieberi, Luzula multiflora, Festuca rubra).*" Ich entgegnete darauf: „Ich gebe Ihnen recht, daß Ihre Weidetiere nunmehr bessere Nahrung finden als im Latschenbestande, aber es wird sich doch durch diese Weideraubwirtschaft der Bürstling *(Nardus stricta)* ausbreiten und dann haben Sie auch keine Weide mehr. Wenn dann das Weidevieh kein Futter mehr findet, so kommt ganz von selbst der Latschenbestand wieder auf."

Der Bauer erwiderte mir nun: „Sie haben recht, daß sich der Bürstling ausbreitet und das Weidevieh immer weniger Futter finden wird, aber dann treibe ich die Ziegen und Schafe auf, die fressen alles ganz gerne, auch den Bürstling in jungem Zustand. Und wenn der Latschenbestand wieder aufkommt, so macht es nicht viel, dann haue.ich inzwischen einen anderen nieder."

Ich habe diese Aussprache gebracht, weil sie die Bewirtschaftungsweise viel besser beleuchtet als alles andere.

Nun bringe ich zwei Aufnahmen der angrenzenden Latschenbestände, um ihren Aufbau kennen zu lernen.

Aufnahme Nr.	1.	2.
S t r a u c h s c h i c h t :	1,5 m	1 m hoch
Pinus Mugo	5.5	5.5
Picea excelsa	+ ^{0}	
Larix decidua	+ ^{0}	
Sorbus aucuparia	+	
N i e d e r w u c h s :		
Vaccinium Myrtillus	5.5	5.5
Vaccinium Vitis-idaea	2.2	1.2
Oxalis Acetosella	1.2	2.2
Rhododendron ferrugineum	+.2	3.3
Deschampsia flexuosa	+.2^0	1.2^0
Homogyne alpina	+	1.2
Rhododendron intermedium	+.3	
Rhododendron hirsutum	+.2	
Empetrum hermaphroditum	1.2	
Dentaria enneaphyllos	+.2^0	
Sesleria varia	+^{0}	
Juniperus sibirica	+^{0}	
Lycopodium annotinum		1.2
Viola biflora		+.2^0

Aufnahme Nr.	1.	2.

M o o s s c h i c h t :

	1.	2.
Rhytidiadelphus triquetrus	5.5	2.3
Hylocomium splendens	2.3	4.5
Pleurozium Schreberi	1.2	1.2
Dicranum scoparium	+.2	+.2
Ptilium crista-castrensis	1.1	
Cetraria islandica	+.2	

Wir ersehen aus diesen beiden Aufnahmen, daß diese Latschenbestände, obwohl sie einen Kalkrohboden besiedeln, einen vornehmlich azidiphilen Vegetationsaufbau zeigen. *Viola biflora* und die wenig lebenskräftigen *Sesleria varia, Dentaria enneaphyllos* und *Rhododendron hirsutum* treten zurück.

Die Krautschicht wurzelt eben nicht mehr im Kalkverwitterungsboden, sondern in dem sauren, isolierten Rohhumusboden.

Es läßt sich verfolgen, daß dort, wo der menschliche. Eingriff zwecks Weidegewinnung den Legföhrenbestand niedergeschlagen hat, sich sekundär eine Zwergstrauchheide ausbreitet, daß aber auch diese bei dem starken Weidebetritt sich nicht halten kann, weil in dieser windausgesetzten Lage durch den ständigen Weidetritt der Boden offen wird und seinen Rohhumus verliert und weil damit anspruchslose Arten des Polsterseggenrasens eindringen und schließlich die Herrschaft an sich reißen.

Der Aufbau der beiden Legföhrenbestände ist ein wenig verschieden, was auf die verschiedenen Standortsverhältnisse zurückzuführen ist. Der erste Bestand mit seiner höheren Legföhrenschicht ist viel weniger windausgesetzt als der zweite Legföhrenbestand.

Wir ersehen klar, daß die oben erwähnte *Calluna*-Heide ein typisches Verwüstungsstadium des Legföhrenbestandes ist, das aber keinen homogenen Aufbau zeigt, sondern als Mosaikkomplex aufzufassen ist.

Die Almrosen und Heidelbeeren sind im Rückzug begriffen, weil sie diese offenen, windausgesetzten Lagen mit ihrem geringen Schneeschutz nicht ertragen können. Sie können sich nur noch dort halten, wo ihnen ein hinreichender Windschutz und Schneeschutz sowie einiger Wasserhaushalt im Boden zur Verfügung steht, das ist also in den Mulden. Die Besenheide, *Calluna vulgaris,* ist in Ausbreitung begriffen, aber auch nur an Örtlichkeiten, die weniger windausgesetzt sind, denn sonst wird sie schon jetzt von der Gemsheide verdrängt, die die windausgesetzte Lage viel besser ertragen kann. Es läßt sich sehr schön verfolgen, daß überall dort, wo sich die mehr oder weniger anspruchsvollen Strauchmoose finden, auch die Moorheidelbeere und *Calluna* sich halten können, während diese Zwergsträucher verschwinden und der Gemsheide Platz machen, wenn die anspruchsvolleren Strauchmoose verschwinden. Der Bürstling kommt besonders an betretenen Stellen auf.

Wir müssen also das Weidevieh, insbesondere die Ziegen und Schafe, abziehen, damit sich diese besonders gefährdeten Böden wieder bewalden können.

Wir dürfen nicht vergessen, daß der vom Regen erweichte Boden aufgetreten wird und daß die Winderosion nicht nur den darüber liegenden Rohhumus, sondern auch den darunterliegenden kalkgesättigten Humus wegträgt und den Boden verkarstet.

III. G r u p p e.

Die *Calluna*-Heiden silikatisch-basischer Mischböden,

CALLUNETUM silicicolum + calcicolum.

A. Die primären *Calluna*-Heiden basisch-silikatischer Mischböden,

↗ CALLUNETUM silicicolum + calcicolum.

Diese *Calluna*-Heiden treffen wir da und dort fragmentarisch an, wo silikatische und basische Böden zusammenkommen. Meist kommen auf solchen Böden *Calluna*-Heiden und *Erica carnea*-Heiden entsprechend der gemischten Bodenunterlage völlig vermischt vor.

B. Die sekundären *Calluna*-Heiden silikatisch-basischer Mischböden,

↘ CALLUNETUM silicicolum + calcicolum sec.

Diese *Calluna*-Heiden nehmen da und dort schon ein viel größeres Ausmaß an, weil die Rohhumusschicht auch den darunter gemischten basischen Boden isoliert und nur hie und da einzelne basiphile Arten wie *Erica carnea, Polygala Chamaebuxus* etc. den darunter liegenden basischen Boden erkennen lassen.

Hieher gehören viele der verschiedenen azidiphilen-basiphilen Mischgesellschaften, die z. B. unter dem Namen: „Ericeto-Callunetum, Calluneto-Ericetum" usw. veröffentlicht wurden.

Wir treffen diese also

1. als primäre Gesellschaften auf silikatisch-basischen Mischböden, z. B. Ericeto-Callunetum silicicolum + calcicolum,

2. als sekundäre Gesellschaften auf silikatisch-basischen Mischböden, z. B. ↘ Ericeto-Callunetum silicicolum + calcicolum sec.,

3. als sekundäre Gesellschaften über basischer Bodenunterlage dort, wo die waldverwüstenden Eingriffe sich nur mosaikartig auswirkten; z. B. ↘ Ericeto-Callunetum calcicolum sec.

Diese *Erica carnea - Calluna*-Heiden treffen wir z. B. dort an, wo die Streunutzung das Bodenleben reduziert hat, der Bestandesabfall nicht mehr verarbeitet werden konnte, roh liegen blieb und die weitere Streunutzung durch Plaggenhieb infolge wenig gleichmäßiger Nutzung sich nur mosaikartig auswirkte.

So ist es zu verstehen, daß bei dieser Streunutzung örtlich die ganze Streu bis auf den basischen Untergrund abgezogen wurde, daneben aber einzelne Rohhumusflecken örtlich zurückblieben und damit die Voraussetzung zum Aufkommen azidiphiler Arten, wie z. B. *Calluna,* lieferten.

I V. G r u p p e.

Die *Calluna*-Heiden anmooriger Böden,

CALLUNETUM paludosum turfosum.

A. Die primären *Calluna*-Heiden anmooriger Böden,
↗ CALLUNETUM paludosum turfosum.

Diese primären *Calluna*-Heiden besiedeln Zwischenmoore (Übergangs-moore), also Böden, welche eine mittlere Stellung zwischen Bruchwaldboden und Hochmoorboden einnehmen.

Hieher gehört z. B. die *Calluna*-Heide, welche im Bestand der Weißen Schnabelbinse aufgekommen ist

„Rhynchosporetum albae ↗ CALLUNETUM paludosum turfosum"
oder die *Calluna*-Heide, die im *Sphagnum amblyphyllum*-reichen Pfeifengras-Bestand aufgekommen sind,

„Molinietum coeruleae sphagnosum amblyphylli ↗ CALLUNETUM paludosum turfosum".

Eine *Calluna*-Zwischenmoor-Gesellschaft konnte ich östlich Maiernigg am Ostufer des Wörther-Sees untersuchen.

F l o r i s t i s c h e r A u f b a u :

Calluna vulgaris	5.5	*Drosera rotundifolia*	+
Rhamnus Frangula	2.1	*Carex flava*	+
Potentilla erecta	2.1	*Carex pallescens*	+
Molinia coerulea	1.2		
Pinus silvestris	1.1	**M o o s s c h i c h t :**	
Vaccinium Oxycoccos	1.1	*Sphagnum amblyphyllum*	3.3
Galium palustre	+	*Sphagnum magellanicum*	2.3
Betula pubescens	+	*Aulacomnium palustre*	1.2
Rhynchospora alba	+	*Leucobryum glaucum*	+.2

Aus vergleichenden Untersuchungen erfahren wir, daß diese Zwischen-moor-*Calluna*-Heide nach Entwässerung im Zwischenmoor aufgekommen ist und sich über einen faulbaumreichen Moorbirken-Rotföhrenwald bewalden wird.

Ich stelle diese *Calluna*-Heide zum

Molinietum sphagnosum amblyphvlli ↗ CALLUNETUM paludosum turfosum rhamnosum Frangulae ↗ Betuleto pubescentis - Pinetum silve-stris uliginosum.

W i r t s c h a f t l i c h e F o l g e r u n g e n : Diese *Calluna*-Heide wurde nunmehr mit Fichte aufgeforstet. Diese Aufforstung ist völlig unrichtig, denn dieser Moorboden ist noch nicht reif zur Aufforstung mit Fichte. Der Boden müßte erst durch einen Vorbau von Moorbirke vorbereitet werden. Auch der Faulbaum würde als Vorholz wertvolle Hilfe leisten. Ist die Moorbirke gut auf-gekommen, so sollte die Rotföhre, und zwar in einer besonders für das Moor geeigneten Rasse, unterbaut werden.

In diesem Moorbirken-Rotföhrenwald kommt dann ja ganz von selbst die Fichte auf. Diese ist also keine Pionierholzart, sondern bedarf gewisser Vor-hölzer, um lebenskräftig aufkommen zu können.

B. Die sekundären *Calluna*-Heiden anmooriger Böden,
↘ CALLUNETUM paludosum turfosum sec.

Die *Calluna*-Heide als Verwüstungsstadium des anmoorigen Birkenbruchwaldes

Betuletum paludosum turfosum ↘ CALLUNETUM vulgaris.

H. O s v a l d untersuchte am 19. Juli 1919 bei der Bearbeitung der Vegetation des Hochmoores Komosse in der Nähe des Elgå östlich von Elmö auf seichtem Torf im Versumpfungsgebiet am Moorrand einen *Betula pubescens*-Bruchwald und fand folgenden floristischen Aufbau:

B a u m s c h i c h t :			*Carex lasiocarpa*	1
			Carex Leersii	1
Betula alba (= pubescens)	4		*Carex pauciflora*	1
			Deschampsia flexuosa	1
Z w e r g s t r a u c h s c h i c h t :			*Eriophorum polystachyum**	1
			Molinia coerulea	1
Calluna vulgaris	5		*Scirpus austriacus (= Tricho-*	
Vaccinium Vitis-idaea	2		*-phorum austriacum)*	1
Salix aurita	2			
Andromeda polifolia	1			
Oxycoccus quadripetalus	1		**M o o s s c h i c h t :**	
			Sphagnum acutifolium	5
K r a u t s c h i c h t :			*Sphagnum angustifolium*	2
			Hylocomium parietinum	1
Melampyrum pratense	1		*Hylocomium proliferum*	1
Potentilla erecta	1		*Sphaerocephalus palustris*	1
Trientalis europaea	1			
Carex Goodenovii	1			

H. O s v a l d stellt diesen Moorbirkenwald zur *Betula alba - Calluna vulgaris - Sphagnum acutifolium* - Assoziation.

Ich stelle diesen Moorbirkenwald zur ökologischen Gruppe „Betuletum pubescentis paludosum turfosum", obwohl einige Hochmoorpflanzen auftreten *(Andromeda polifolia, Oxycoccus)*, weil die Sumpfpflanzen (paludosum) vorherrschen: *Salix aurita, Carex fusca (= Goodenovii), C. lasiocarpa, C. Leersii, C. pauciflora, Eriophorum „polystachyum", Molinia coerulea, Trichophorum (Scirpus) austriacum.*

Wird nun dieser Moorbirkenwald niedergeschlagen, so verbleibt eine *Calluna vulgaris*-Heide, welche ich im Sinne meiner Vegetationsentwicklungstypen zum

„Betuletum pubescentis paludosum callunosum sphagnosum acutifolii
↘ CALLUNETUM paludosum turfosum ↗ Betuletum pubescentis"

stelle.

Dieser Bestand nimmt zweifellos eine mittlere Stellung zwischen Hochmoor- und Bruchwaldboden ein und könnte daher zu einer Gruppe des Übergangsmoores „Callunetum paludosum turfosum" gestellt werden.

---

* Ich weiß nicht, ob O s v a l d darunter *Eriophorum latifolium* oder *E. angustifolium* versteht, da für beide Arten der Linnéische Sammelname *E. polystachyum* gebraucht wird.

V. Gruppe.

Die *Calluna*-Heiden der Hochmoorböden,
CALLUNETUM turfosum.

A. Die primären *Calluna*-Heiden der Hochmoorböden
↗ CALLUNETUM turfosum.

Ich bringe hier eine Reihe primärer Hochmoor-*Calluna*-Heiden aus Skandinavien, um die vermutete syngenetische Stellung aufzuzeigen.

So untersuchten G. Einar Du Rietz und J. A. Nannfeldt am 13. September 1922 in der Gegend von Uppsala das Zentrum der Hochmoorfläche Stigsbo Rödmosse und fanden in einem Bestande der *Calluna vulgaris - Sphagnum fuscum* - Ass. folgenden floristischen Aufbau:

Zwergstrauchschicht:

Calluna vulgaris	3
Andromeda polifolia	1
Empetrum nigrum	1
Oxycoccus microcarpus (= *Vaccinium Oxycoccos* ssp. *microcarpum*)	1
Oxycoccus quadripetalus (= *Vaccinium Oxycoccos*)	1

Niederwuchs:

Rubus Chamaemorus	2
Eriophorum vaginatum	2
Drosera rotundifolia	1

Moosschicht:

Sphagnum fuscum	5
Mylia anomala	3
Sphagnum rubellum	1
Lepidozia setacea	1
Cladonia rangiferina	1

Ich vermute, im Sinne der schematischen Übersicht von Du Rietz über die Sukzession auf der offenen Zentralpartie auf dem Stigsbo Rödmosse, daß sich diese *Calluna*-Heide aus der *Eriophorum vaginatum - Sphagnum fuscum* - Gesellschaft entwickelt hat und sich weiter zur *Calluna vulgaris - Cladonia rangiferina* - Gesellschaft entwickeln wird.

Stimmt diese Annahme, so wäre obige *Calluna*-Heide im Sinne meiner Vegetationsentwicklungstypen zum

„*Eriophorum vaginatum - Sphagnum fuscum* - Ass. ↗ CALLUNETUM vulgaris sphagnosum fuscae ↗ Callunetum vulgaris cladoniosum rangiferinae" zu stellen.

Hugo Osvald untersuchte am 14. Juli 1919 östlich von Stora Björnö eine primäre *Calluna*-Heide des Hochmoorbodens und fand folgenden floristischen Aufbau:

Calluna vulgaris	4		*Mylia anomala*	2
Andromeda polifolia	1		*Cephalozia* sp.	1
Oxycoccus palustris	1			
Drosera rotundifolia	1		*Sphagnum rubellum*	5
Rubus Chamaemorus	1		*Sphagnum magellanicum*	4
			Sphagnum fuscum	1
Eriophorum vaginatum	2+		*Sphagnum acutifolium*	1
Scirpus austriacus (= *Trichophorum austriacum*)	1−			

Diesen Bestand stellt H. O s v a l d zur *Calluna vulgaris - Sphagnum magellanicum* - Assoziation, welche nach seiner Ansicht die wichtigste unter allen Assoziationen des Moores ist, das Grundgerüst, um das sich die übrigen gruppieren. Auf Slätmossen, das ist die größte zusammenhängende Fläche des ausgedehnten Komosse-Komplexes, betrug sie 44%.

Aus der schematischen Übersicht über die Sukzession in dem Regenerationskomplex des Kommosse geht hervor, daß sich die *Calluna vulgaris - Sphagnum magellanicum* - Ass. über eine *Eriophorum vaginatum - Sphagnum magellanicum* - Ass. heraufentwickelt hat und sich weiter zur *Calluna - Cladonia rangiferina - silvatica* - Ass. entwickeln kann.

Würde die Annahme dieser Sukzessionsrichtung stimmen, so würde ich die *Calluna vulgaris - Sphagnum magellanicum* - Ass. im Sinne der Vegetationsentwicklungstypen zur primären *Sphagnum rubellum - magellanicum* - reichen *Calluna*-Hochmoorheide stellen, welche im *Sphagnum magellanicum - rubellum* - reichen *Eriophorum vaginatum*-Grasmoorbestand aufgekommen ist und sich zur flechtenreichen *Calluna*-Heide entwickelt.

Zum besseren Verständnis dieser Zusammenhänge bringen wir einzelne Bestände der Sukzession im Sinne der schematischen Darstellung H. O s v a l d ' s :

6.   *Cladonia rangiferina* - Ass.

↑

5.   *Empetrum - Cladonia rangiferina* - Ass.

↑

4.   *Calluna - Sphagnum imbricatum* - Ass.

↑

3.   *Calluna - Cladonia rangiferina - silvatica* - Ass.

↑

2.   *Calluna - Sphagnum magellanicum* - Ass.

↑

1.   *Eriophorum vaginatum - Sphagnum magellanicum* - Ass.

↑

Schlenken, teilweise mit offenem Wasser.

Zum Vergleich bringen wir in einer Tabelle die verschiedenen Heiden im Sinne obiger Vegetationsentwicklung.

Aufnahmen:	1	2	3	4	5	6
Calluna vulgaris	1	4	4+	3	1	1
Andromeda polifolia	1	1	1	1	1	1
Oxycoccus palustris	1	1	1	1	1	—
Empetrum nigrum	—	—	1	2	4+	—
Erica Tetralix	1	—	—	1	—	—
Drosera rotundifolia	2	1	1	1	1	—
Drosera longifolia (= *D. anglica*)	1	—	—	—	—	—
Rubus Chamaemorus	2	1	1	1	1	—
Eriophorum vaginatum	3	2+	2	1	1	1
Scirpus austriacus (= *Trichophorum austriacum*)	1	1—	—	—	—	—
Mylia anomala	—	2	1	—	1	—
Cephalozia sp.	—	1	1	1	1	—
Cephalozia fluitans	1	—	—	—	—	—
Sphagnum rubellum	4	5	1	2	—	—
Sphagnum magellanicum	5	4	1	2	—	—
Sphagnum fuscum	—	1	2	2	—	—
Sphagnum acutifolium	—	1	1	2	1	—
Sphagnum balticum	3	—	—	—	—	—
Sphagnum tenellum	2	—	—	—	—	—
Sphagnum imbricatum	—	—	—	5	1	—
Cladonia rangiferina	—	—	5	1	5	5
Cladonia silvatica	—	—	1	1	—	2
Cladonia pyxidata v. *chlorophaea*	—	—	1—	—	1	1
Cladonia carneola	—	—	—	—	—	1
Cladonia cyanipes	—	—	—	—	—	1
Cladonia squamosa f. *muricella*	—	—	—	—	—	1
Cladonia gracilis v. *chordalis*	—	—	1	—	—	—

Unter Aufnahme Nr. 1 haben wir einen Bestand der *Eriophorum vaginatum - Sphagnum magellanicum -* Ass. vorangestellt, den H. Osvald am 1. Juli 1920 bei Lilla Björnsjömad aufgenommen hat. Wir erfahren aus dieser Aufnahme, daß die hygrophilen Arten hier viel mehr hervortreten und *Erica Tetralix* als Zwergstrauch hinzugetreten ist.

Aufnahme Nr. 2 beinhaltet die vorhin herausgegriffene Aufnahme der *Calluna vulgaris - Sphagnum magellanicum -* Ass., welche H. Osvald am 14. Juli 1919 östlich von Stora Björnö aufgenommen hat.

Aufnahme Nr. 3 bringt den floristischen Aufbau einer *Calluna vulgaris - Cladonia rangiferina - silvatica -* Ass., welche H. Osvald am 14. Juli 1917 SO von Hödsö aufgenommen hat.

Wir ersehen aus dieser Aufstellung, daß in diesem Bestande die besonders hygrophilen Arten an Bestand verloren haben, dafür aber xerophilere Arten, insbesondere Flechten, hinzugetreten sind. *Scirpus silvaticus* ist bereits verschwunden. *Cladonia rangiferina, Cladonia silvatica, Cladonia gracilis* v. *chordalis, Cladonia pyxidata* v. *chlorophaea* sind hinzugetreten.

A u f n a h m e N r. 4 ist ein Bestand der *Calluna vulgaris - Sphagnum imbricatum* - Ass., aufgenommen am 2. Juli 1920 in Johansjömossen, nicht weit von Lillö.

In A u f n a h m e N r. 5 wird der Bestand der *Empetrum nigrum - Cladonia rangiferina* - Ass. gebracht, der am 19. Juli 1919 im nördlichen Teil von Slätmossen aufgenommen wurde.

A u f n a h m e N r. 6 bringt den Bestand der *Cladonia rangiferina* - Ass., aufgenommen am 7. September 1918 am Anfang des östlichen Armes des Hullbäck.

Es ist ja klar, daß diese einzelnen Aufnahmen nicht die einzelnen Sukzessionsschritte darstellen, zumal wir uns hüten müssen, aus der simultanen Entwicklung eine sukzedane zu erschließen. Wir dürfen nicht aus dem Nebeneinander auf das Hintereinander folgern.

Immerhin hat H. O s v a l d auf Grund moorstratigraphischer Untersuchungen den vorhin schematisch aufgezeigten Weg da und dort rekonstruieren können.

Eine eigenartige Stellung nimmt die *Calluna vulgaris - Sphagnum imbricatum* - Ass. ein. In dieser wird, wie schon bei Besprechung des Empetretum aufgezeigt, *Calluna* dünner, und zwar dadurch, daß sie, wie H. O s v a l d hinweist, wegen des rasch wachsenden *Sphagnum*-Teppiches nur aus den obersten Wipfeln besteht. „In die *Calluna*-Flechtenheide tritt *Sphagnum imbricatum* ein, wodurch diese Assoziation zur Ausbildung kommt. Der Polster wächst in die Höhe, bis er mit einer *Empetrum*-Flechtenheide bekleidet ist. Die meisten hohen Bulten auf einem Hochmoor sind wahrscheinlich auf diese Weise entstanden."

„Die *Cladonia rangiferina* - Ass. nimmt ebenso wie die *Empetrum*-Flechtenheide die allertrockensten Teile der Bulten ein und hat infolgedessen eine ziemlich geringe Arealverbreitung, ist aber über das ganze Hochmoor verteilt. Aus dem *Cladonia*-Teppich ragen oft trockene Zweige von abgestorbener *Calluna* hervor, die hier ebenso wie *Eriophorum vaginatum* ein Relikt ist. Letzteres scheint aber eine größere Fähigkeit als die meisten anderen Pflanzen — vielleicht mit Ausnahme von *Andromeda* — zu haben, sich in den trockenen Bulten zu erhalten. Der Grund für das Absterben der höheren Pflanzen dürfte das Vertrocknen sein, das hauptsächlich auf die Ausaperung im Winter, während der Boden gefroren ist, zurückzuführen sein dürfte."

Alle diese Bestände sind primär, d. h. sie haben sich ohne anthropogene Einflüsse entwickelt und ich stelle diese Assoziationen im Sinne meiner Vegetationsentwicklungstypen, vorausgesetzt, daß der Sukzessionsverlauf im Sinne H. O s v a l d s stimmt, zu folgenden Vegetationsentwicklungstypen:

B e s t a n d N r. 1 stelle ich zum primären *Sphagnum magellanicum - rubellum* - reichen *Eriophorum vaginatum* - Grasmoor - Bestand, welcher sich zur *Sphagnum rubellum - magellanicum* - reichen *Calluna* - Hochmoor - Heide entwickelt:

„ERIOPHORETUM vaginati sphagnosum magellanici-rubelli turfosum ⟋ Callunetum sphagnosum rubelli-magellanici".

B e s t a n d N r. 2 stelle ich zur primären *Sphagnum rubellum - magellanicum* - reichen *Calluna* - Hochmoorheide, welche im *Sphagnum magellanicum -*

rubellum - reichen *Eriophorum vaginatum* - Grasmoorbestand aufgekommen ist und sich zur flechtenreichen *Calluna*-Heide entwickelt:

„Eriophoretum vaginati sphagnosum magellanici - rubelli ⁄ CALLUNE-TUM sphagnosum rubelli - magellanici turfosum ⁄ Callunetum cladoniosum rangiferinae".

B e s t a n d N r. 3 stelle ich zur primären flechtenreichen *Calluna*-Heide, welche in der *Sphagnum rubellum - magellanicum* - reichen *Calluna*-Hochmoorheide aufgekommen ist und sich zur *Sphagnum imbricatum*-reichen *Calluna*-Heide entwickelt:

„Callunetum sphagnosum rubelli - magellanici ⁄ CALLUNETUM cladoniosum rangiferinae turfosum ⁄ Callunetum sphagnosum imbricatae."

B e s t a n d N r. 4 stelle ich zum primären *Sphagnum imbricatum*-reichen *Calluna*-Moor, welches in der flechtenreichen *Calluna*-Heide aufgekommen ist und sich zur flechtenreichen Krähenbeer-Heide entwickelt:

„Callunetum cladoniosum rangiferinae ⁄ CALLUNETUM sphagnosum imbricatae turfosum ⁄ Empetretum cladoniosum rangiferinae".

B e s t a n d N r. 5 stelle ich zur primären flechtenreichen Krähenbeer-Heide, welche über eine *Sphagnum imbricatum*-reiche *Calluna*-Heide aufgekommen ist und sich zur *Cladonia rangiferina*-reichen Flechtenheide entwickelt.

„Callunetum sphagnosum imbricatae ⁄ EMPETRETUM nigri cladoniosum rangiferinae turfosum ⁄ Cladonietum rangiferinae."

B e s t a n d N r. 6 stelle ich zum Cladonietum rangiferinae, welches im Empetretum nigri cladoniosum rangiferinae aufgekommen ist, also zum

„Empetretum nigri cladoniosum rangiferinae ⁄ CLADONIETUM rangiferinae".

B. **D i e s e k u n d ä r e n *C a l l u n a* - H e i d e n d e r H o c h m o o r b ö d e n**

⤶ CALLUNETUM turfosum sec.

D i e *C a l l u n a* - H o c h m o o r h e i d e a l s V e r w ü s t u n g s s t a d i u m d e s H o c h m o o r - B i r k e n w a l d e s,
Betuletum pubescentis turfosum ⤶ **CALLUNETUM vulgaris.**

H u g o O s v a l d hat in seiner Bearbeitung des Hochmoores Komosse eine Reihe *Calluna vulgaris*-Heiden genau untersucht.

Im folgenden bringe ich die Aufnahme eines moosarmen *Calluna*-Birkenwaldes, welchen H. O s v a l d am 8. September 1918 in Lilla, Blörnsjömad, aufgenommen hat:

Betula alba (= *pubescens*),		*Eriophorum vaginatum*	1
ca. 5 m hoch	5	*Amblystegium stramineum*	1
		Hylocomium parietinum	1
Calluna vulgaris	5	*Sphaerocephalus palustris*	1
Erica Tetralix	1	*Sphagnum Russowii*	
Oxycoccus quadripetalus	1	v. *viride*	1
Vaccinium Myrtillus	1		

Wird nun dieser Moorbirkenwald niedergeschlagen, so verbleibt die *Calluna vulgaris*-Heide als Waldverwüstungsstadium. Ich stelle sie im Sinne meiner Vegetationsentwicklungstypen zum

„Betuletum pubescentis turfosum ↘ CALLUNETUM vulgaris ↗ Betuletum pubescentis".

Als ökologische Differenzialarten der Gruppe „Betuletum pubescentis turfosum" treten hier auf: *Erica Tetralix, Oxycoccus quadripetalus, Eriophorum vaginatum.*

Die *Calluna*-Hochmoorheide als Verwüstungsstadium des Rotföhrenwaldes
Pinetum silvestris turfosum ↘ CALLUNETUM vulgaris.

H u g o O s v a l d untersuchte am 10. September 1918 bei Bearbeitung des Hochmoores Komosse in Björnsjömossen, östlich von Nolskogen einen 3 m hohen moosreichen *Calluna*-Kiefernbestand auf Torfboden und fand folgenden floristischen Aufbau:

Baumschicht:

Pinus silvestris	4+	

Zwergstrauchschicht:

Calluna vulgaris	4
Empetrum nigrum	2
Vaccinium Vitis-idaea	2+
Oxycoccus quadripetalus	1

Krautschicht:

Rubus Chamaemorus	3
Eriophorum vaginatum	2

Moosschicht:

Hylocomium parietinum	4
Sphagnum angustifolum	2
Hylocomium proliferum	1
Sphagnum centrale	1
Sphagnum Russowii	1

H u g o O s v a l d stellt diesen Bestand zur *Pinus silvestris - Calluna vulgaris - Hylocomium parietinum* - Assoziation und zeigt auf, daß sich dieser Bestand ganz wesentlich von der *Pinus silvestris - Calluna vulgaris - Hylocomium parietinum - proliferum* - Assoziation der Moränenböden unterscheidet. Dies ist ja der Grund, weshalb ich diesen Bestand im Sinne meiner Vegetationsentwicklungstypen zu einer eigenen ökologischen Gruppe, zum

„Pinetum silvestris turfosum"
stelle.

Wird dieser *Pinus silvestris*-Bestand niedergeschlagen, so verbleibt eine *Calluna*-Heide, die ich zum

„Pinetum silvestris turfosum callunosum hylocomiosum parietini ↘ CALLUNETUM vulgaris ↗ Pinetum silvestris"
stelle.

Differenzialarten der „turfosum"-Ausbildung sind hier: *Oxycoccus quadripetalus, Rubus Chamaemorus, Eriophorum vaginatum.*

Die Erica carnea-Heiden als Vegetationsentwicklungstypen

Von Erwin A i c h i n g e r

Die *Erica carnea*-Heiden treffen wir von der unteren warmen Eichenstufe bis in die Untere Alpenstufe in allen Höhenlagen auf Dolomit-, Serpentin- und Kalkböden an. Infolge ihrer Fähigkeit, große Bodentrockenheit und sonnige Lagen gut zu ertragen, treffen wir unsere lichtbedürftigen Heiden als primäre Pioniergesellschaften ebenso an wie als sekundäre Stadien der Waldverwüstung. So kommt *Erica carnea* in verschiedenen basiphilen Rasengesellschaften, wie z. B. im Seslerietum variae, Caricetum humilis, Calamagrostidetum variae als Pioniergesellschaft ebenso auf wie in den Beständen von *Arctostaphylos Uva-ursi, Dryas octopetala, Globularia cordifolia, Teucrium montanum, Teucrium Chamaedrys, Rhodothamnus Chamaecistus* und *Petasites paradoxus*.

Die lichtbedürftigeren *Erica carnea*-Heiden werden im Zuge der Bodenbildung und Vegetationsentwicklung von verschiedenen Zwergstrauchgesellschaften, Nadel- und Laubholzbeständen zurückgedrängt, breiten sich aber sekundär wieder aus, wenn letztere abgehauen werden.

So können wir unterscheiden:

I. Die **primären** *Erica carnea*-**Heiden**, welche als Pioniergesellschaften in verschiedenen Rasen-, Zwergstrauch- und Hochstaudengesellschaften aufgekommen sind, und

II. die **sekundären** *Erica carnea*-**Heiden**, welche als Verwüstungsstadien verschiedener Zwergstrauchheiden, Nadel- und Laubwaldgesellschaften sekundär aufgekommen sind.

I. Primäre *Erica carnea*-Heiden

1. Die primäre *Erica carnea*-Heide, welche in der Blaugrashalde aufgekommen ist,
   Seslerietum variae ⁄ ERICETUM carneae.
2. Die primäre *Erica carnea*-Heide, welche im Zwergseggenbestand aufgekommen ist,
   Caricetum humilis ⁄ ERICETUM carneae.
3. Die primäre *Erica carnea*-Heide, welche im Polsterseggenrasen aufgekommen ist,
   Caricetum firmae ⁄ ERICETUM carneae.
4. Die primäre *Erica carnea*-Heide, welche im Bestand der Stachelspitzigen Segge aufgekommen ist,
   Caricetum mucronatae ⁄ ERICETUM carneae.

5. Die primäre *Erica carnea*-Heide, welche im Buntreitgras-Bestand aufgekommen ist,
      Calamagrostidetum variae ╱ ERICETUM carneae.
6. Die primäre *Erica carnea*-Heide, welche im Silberwurzteppich aufgekommen ist,
      Dryadetum octopetalae ╱ ERICETUM carneae.
7. Die primäre *Erica carnea*-Heide, welche im Arznei-Bärentrauben-
Bestand aufgekommen ist,
      Arctostaphyletum Uvae-ursi ╱ ERICETUM carneae.
8. Die primäre *Erica carnea*-Heide, welche im Herzkugelblumen-Bestand
aufgekommen ist,
      Globularietum cordifoliae ╱ ERICETUM carneae.
9. Die primäre *Erica carnea*-Heide, welche im Zwergalmrosen-Bestand
aufgekommen ist,
      Rhodothamnetum Chamaecisti ╱ ERICETUM carneae.
10. Die primäre *Erica carnea*-Heide, welche im Gamander-Bestand aufgekommen ist,
      Teucrietum Chamaedryos ╱ ERICETUM carneae.
11. Die primäre *Erica carnea*-Heide, welche im Berggamander-Bestand
aufgekommen ist,
      Teucrietum montanae ╱ ERICETUM carneae.
12. Die primäre *Erica-carnea*-Heide, welche im Schneepestwurz-Bestand
aufgekommen ist,
      Petasitetum paradoxi ╱ ERICETUM carneae.

II. Die sekundären *Erica carnea*-Heiden, welche als
Verwüstungsgesellschaften verschiedener
Zwergstrauch-Heiden, Nadel- und Laubwald
gesellschaften sekundär aufgekommen sind

13. Die sekundäre *Erica carnea*-Heide als Verwüstungsstadium des Wimper-Alpenrosen-Bestandes,
      Rhodoretum hirsuti ╲ ERICETUM carneae.
14. Die sekundäre *Erica carnea*-Heide als Verwüstungsstadium des Latschen-
Bestandes,
      Pinetum Mugi prostratae ╲ ERICETUM carneae.
15. Die sekundäre *Erica carnea*-Heide als Verwüstungsstadium des Spirkenwaldes,
      Pinetum Mugi arboreae ╲ ERICETUM carneae.
16. Die sekundäre *Erica carnea*-Heide als Verwüstungsstadium des Rotföhrenwaldes,
      Pinetum silvestris ╲ ERICETUM carneae.
17. Die sekundäre *Erica carnea*-Heide als Verwüstungsstadium des Schwarzföhrenwaldes,
      Pinetum nigrae ╲ ERICETUM carneae.
18. Die sekundäre *Erica carnea*-Heide als Verwüstungsstadium des Zirbenwaldes,
      Pinetum Cembrae ╲ ERICETUM carneae.

19. Die sekundäre *Erica carnea*-Heide als Verwüstungsstadium des Lärchenwaldes,
     Laricetum deciduae ⟍ ERICETUM carneae.
20. Die sekundäre *Erica carnea*-Heide als Verwüstungsstadium des Fichtenwaldes,
     Piceetum excelsae ⟍ ERICETUM carneae.
21. Die sekundäre *Erica carnea*-Heide als Verwüstungsstadium des Kahl-
weiden-Bestandes,
     Salicetum glabrae ⟍ ERICETUM carneae.
22. Die sekundäre *Erica carnea*-Heide als Verwüstungsstadium des Purpurweiden-Bestandes,
     Salicetum purpureae ⟍ ERICETUM carneae.
23. Die sekundäre *Erica carnea*-Heide als Verwüstungsstadium des Uferweiden-Bestandes,
     Salicetum incanae ⟍ ERICETUM carneae.
24. Die sekundäre *Erica carnea*-Heide als Verwüstungsstadium des Fels-
birnen-Bestandes,
     Amelanchieretum ovalis ⟍ ERICETUM carneae.
25. Die sekundäre *Erica carnea*-Heide als Verwüstungsstadium des Manna-
eschen-Bestandes,
     Fraxinetum Orni ⟍ ERICETUM carneae.
26. Die sekundäre *Erica carnea*-Heide als Verwüstungsstadium des Hopfen-
buchenwaldes,
     Ostryetum carpinifoliae ⟍ ERICETUM carneae.
27. Die sekundäre *Erica-carnea*-Heide als Verwüstungsstadium des Rotbuchenwaldes,
     Fagetum silvaticae ⟍ ERICETUM carneae.

J. B r a u n - B l a n q u e t stellt 1939 den Verband P i n e t o - E r i c i o n
auf und stellt in diesen eine Reihe basiphiler oder neutrophiler Gesellschaften,
die fast stets als Pionierwald auf Kalkrohböden und kalkreichen Sanden auftreten. Ich möchte diese anführen, weil unsere *Erica carnea*-Heiden vielfach
Verwüstungsstadien dieser Gesellschaften sind.

B r a u n - B l a n q u e t zeigt auf, daß die herrschenden basiphil-neutro-
philen Zwergsträucher wesentlich zur Bodenversauerung beitragen.

Nach B r a u n - B l a n q u e t sind folgende Arten für das Pineto-Ericion
charakteristisch:

*Carex alba, Gymnadenia odoratissima, Epipactis atrorubens (= E. atro-
purpurea), Thesium rostratum, Viscum album* ssp. *Pini* (= var. *microphyllum*),
Ribes alpinum ssp. *pallidigemmum, Sorbus Chamaemespilus, Vicia galloprovin-
cialis* (= *V. Gerardi*), *Coronilla vaginalis, Polygala Chamaebuxus, Hypericum
alpigenum, Pirola rotundifolia, Pirola chlorantha, Erica carnea, Rhododendron
hirsutum, Rhododendron intermedium, Arctostaphylos alpina, Melampyrum
pratense* ssp. nov., *Lonicera reticulata, Campanula Scabiosa* var. *pinetorum.*

1. Ass. Pineto-Ericetum B r. - B l. 1939.
    Syn.: Pinetum silvestris (B e g e r 1922 non aliorum); *Pinus silvestris -
Erica carnea -* Ass. (B r. - B l. 1934).
2. Ass. Pineto-Caricetum humilis B r. - B l. 1939.

3. Ass. Pinetum austro-alpinum (A i c h i n g e r 1933) B r. - B l. und
   S i s s i n g h 1939.
   Syn.: Pinetum silvestris ericetosum (A i c h i n g e r 1933).
4. Ass. Mugeto-Ericetum B r. - B l. 1939 mit den drei Subassoziationen:
   4 a) Mugeto-Ericetum caricetosum humilis B r. - B l.
   4 b) Mugeto-Ericetum hylocomietosum B r. - B l.
   4 c) Mugeto-Ericetum cladonietosum B r. - B l.
5. Ass. Mugeto-Rhodoretum hirsuti B r. - B l. 1939 mit den drei Subassoziationen:
   5 a) Mugeto-Rhodoretum hirsuti salicetosum reticulatae B r. - B l.
   5 b) Mugeto-Rhodoretum hirsuti hylocomietosum B r. - B l.
   5 c) Mugeto-Rhodoretum hirsuti cladonietosum B r. - B l.
6. Ass. Rhodothamneto-Rhodoretum hirsuti (A i c h i n g e r 1933) B r. - B l.
   und S i s s i n g h 1939.
   Syn.: Pinetum Mugi calcicolum A i c h i n g e r p. p. non P a w l.
7. Ass. Mugeto-Hypericetum H o r v a t 1939.
8. Ass. *Rhododendron hirsutum - Lonicera reticulata* - Ass. H o r v a t 1939.

I. Primäre *Erica carnea*-Heiden

1. Die primäre *E r i c a c a r n e a* - H e i d e, w e l c h e i n d e r
   B l a u g r a s h a l d e a u f g e k o m m e n i s t,

Seslerietum variae ⁄ ERICETUM carneae.

Eine solche *Erica carnea*-Heide konnte ich in 2110 m Seehöhe auf einem
35⁰ nach Osten geneigten Hang ober dem Brunnlahner auf der Villacher Alpe
studieren.

F l o r i s t i s c h e r A u f b a u :

Erica carnea	4.3	*Achillea Clavenae*	+
Sesleria varia	3.2	*Galium anisophyllum*	+
Daphne striata	2.2	*Thymus ovatus*	+
Anthyllis Vulneraria ssp.		*Thesium alpinum*	+
alpestris (= A. alpicola)	1.2	*Carex sempervirens*	+
Euphrasia salisburgensis	1.1	*Pedicularis elongata*	+
Scabiosa lucida	1.1	*Hieracium Morisianum*	+
Phyteuma orbiculare	1.1	*Pulsatilla alpina*	+
Globularia nudicaulis	1.1	*Sedum atratum*	+
Gymnadenia odoratissima	1.1	*Ranunculus hybridus*	+
Bartschia alpina	1.1	*Juniperus sibirica*	+
Helianthemum alpestre	+.2	*Polygonum viviparum*	+
Hieracium villosum	+.2	*Valeriana saxatilis*	+
Pedicularis verticillata	+.2	*Aster Bellidiastrum*	+
Hieracium bifidum	+.2	*Campanula Scheuchzeri*	+
Dryas octopetala	+.2		

Aus vergleichenden Untersuchungen erfahren wir, daß die Weiterentwicklung dieses Bestandes zum bodenbasischen Latschenbuschwald (Pinetum Mugi)
führt.

Ich stelle diese *Erica carnea*-Heide im Sinne meiner Vegetationsentwicklungstypen zum Ericetum carneae, welches im Seslerietum variae aufgekommen ist und sich früher oder später zum Pinetum Mugi entwickeln wird:

Seslerietum variae ↗ ERICETUM carneae ↗ Pinetum Mugi.

Syngenetische Differenzialarten der Vegetationsentwicklung aus dem Seslerietum sind hier: *Hieracium bifidum, Hieracium Morisianum, Hieracium villosum, Pedicularis verticillata, Pedicularis elongata.*

2. Die primäre *Erica carnea*-Heide, welche im Zwergseggenbestand aufgekommen ist,

Caricetum humilis ↗ ERICETUM carneae.

Eine derartige *Erica carnea*-Heide konnte ich auf einem 25⁰ geneigten Südhang der Villacher Alpe in 2125 m Seehöhe untersuchen.

Floristischer Aufbau:

Erica carnea	4.3	*Gentiana Clusii*	+.2
Carex humilis	3.3	*Achillea Clavenae*	+.2
Sesleria varia	1.2	*Thymus ovatus*	+.2
Koeleria eriostachya	1.2	*Thesium alpinum*	+
Helianthemum alpestre	1.2	*Carex sempervirens*	+
Daphne striata	1.2	*Biscutella laevigata*	+
Anthyllis Vulneraria ssp.		*Valeriana saxatilis*	+
alpestris (= *A. alpicola*)	1.2	*Globularia cordifolia*	+
Euphrasia salisburgensis	1.1	*Hieracium villosum*	+
Pulsatilla alpina	1.1	*Pedicularis elongata*	+

Aus vergleichenden Untersuchungen erfahren wir, daß auch dieser Bestand zum Bodenbasischen Latschenbuschwald führt. Ich stelle diese *Erica carnea*-Heide im Sinne meiner Vegetationsentwicklungstypen zum Ericetum carneae, welches im Caricetum humilis aufgekommen ist und sich früher oder später zum Pinetum Mugi weiter entwickeln wird.

Caricetum humilis ↗ ERICETUM carneae ↗ Pinetum Mugi.

Die Beziehung zum Caricetum humilis ist besonders auf bodentrockenen, sehr sonnigen offenen Hängen festzustellen.

Differenzialarten für diesen *Erica carnea*-Vegetationsentwicklungstyp sind hier: *Carex humilis, Globularia cordifolia.*

3. Die primäre *Erica carnea*-Heide, welche im Polsterseggenrasen aufgekommen ist,

Caricetum firmae ↗ ERICETUM carneae.

Als Beispiel bringe ich eine Aufnahme einer *Erica carnea*-Heide, welche ich auf einem 40⁰ geneigten Südosthang in 2190 m Seehöhe am Hochstuhl in den Karawanken untersuchen konnte.

Floristischer Aufbau:

Carex firma	3.3	Saussurea pygmaea	+
Erica carnea	3.2	Gentiana terglouensis	+
Dryas octopetala	3.2	Crepis Jacquini	+
Sesleria varia	2.2	Primula Wulfeniana	+
Aster Bellidiastrum	2.1	Silene acaulis	+
Helianthemum alpestre	1.2	Pedicularis rostrato-	
Carex mucronata	1.2	capitata	+
Sesleria sphaerocephala	1.2	Festuca pumila	+
Gentiana Clusii	1.1	Bartschia alpina	+
Anthyllis Vulneraria		Salix alpina (= S. Jacquini)	+
ssp. alpestris	1.1	Galium anisophyllum	+
Thymus Trachselianus	+.2	Valeriana saxatilis	+
Globularia cordifolia	+.2	Biscutella laevigata	+
Rhodothamnus Chamae-		Daphne striata	+
cistus	+.2	Cetraria juniperina	+
Arctous alpina	+.2	Thamnolia vermicularis	+

Aus vergleichenden Untersuchungen erfahren wir, daß dieser *Erica carnea*-Bestand im Polsterseggenrasen (Caricetum firmae) aufgekommen ist, und zwar in einem solchen, welcher in einem Dryadetum octopetalae sich ansiedelte. Ich stelle daher diesen *Erica carnea*-Bestand zum

Caricetum firmae dryadetosum octopetalae ╱ ERICETUM carneae caricetosum firmae ╱ Ericetum carneae.

Ich vermute, daß sich das Ericetum carneae sehr lange halten wird und daher als Dauergesellschaft anzusehen ist.

Als syngenetische Differenzialarten, welche die Beziehung zum Polsterseggenrasen erkennen lassen, wären zu nennen:

Carex firma, Gentiana Clusii, Helianthemum alpestre, Sesleria sphaerocephala, Saussurea pygmaea, Gentiana terglouensis, Crepis Jacquini.

4. Die primäre *Erica carnea*-Heide, welche im Bestand der Stachelspitzigen Segge aufgekommen ist,

Caricetum mucronatae ╱ ERICETUM carneae.

Zur Erläuterung diene eine Aufnahme, welche ich am windausgesetzten 5⁰ geneigten Südosthang am Hochobir in 2100 m Seehöhe vornehmen konnte.

Floristischer Aufbau:

Erica carnea	4.4	Trisetum alpestre	+.2
Carex mucronata	3.4	Campanula cochleariifolia	+.2
Carex firma	2.2	Potentilla Clusiana	+
Sesleria sphaerocephala	2.2	Saxifraga crustata	+
Gentiana Clusii	1.2	Eritrichium nanum	+
Helianthemum alpestre	1.2	Phyteuma Sieberi	+
Primula Wulfeniana	+.2	Chamaeorchis alpina	+
Dryas octopetala	+.2	Crepis Jacquini	+
Minuartia sedoides	+.2	Gentiana Froehlichii	+

Pedicularis rosea	+	*Tortella tortuosa*	+.2
Polygonum viviparum	+	*Cetraria islandica*	+.2
Biscutella laevigata	+	*Cladonia pyxidata*	+.2
Daphne striata	+		

Ich stelle diese *Erica carnea*-Heide zum

Caricetum mucronatae caricetosum firmae ⁄ ERICETUM carneae caricetosum mucronatae ⁄ Ericetum carneae.

Als syngenetische Differenzialarten, welche die Beziehung zum Caricetum mucronatae aufzeigen, stelle ich hinaus: *Carex mucronata, Campanula cochleariifolia.*

Diese *Erica carnea*-Heide treffen wir an besonders windausgesetzten Örtlichkeiten, wo eine Weiterentwicklung zum Pinetum Mugi nicht zu erwarten ist.

5. Die primäre *Erica carnea*-Heide, welche im Buntreitgrasrasen aufgekommen ist,

Calamagrostidetum variae ⁄ ERICETUM carneae.

Einen solchen *Erica carnea*-Bestand untersuchte ich am Aufstieg zur Villacher Alpe am Arnoldsteiner Weg in 1500 m Seehöhe auf einem 35^0 Süd geneigten Hang.

Floristischer Aufbau:

Erica carnea	4.5	*Arctostaphylos Uva-ursi*	+.2
Calamagrostis varia	3.2	*Lotus corniculatus*	+
Sesleria varia	1.2	*Gymnadenia odoratissima*	+
Buphthalmum salicifolium	1.2	*Platanthera bifolia*	+
Teucrium Chamaedrys	1.2	*Pinus nigra*	+
Helianthemum grandi-		*Amelanchier ovalis*	+
florum	1.2	*Epipactis atrorubens*	+
Galium purpureum	+.2	*Cynanchum Vincetoxicum*	+
Anthericum ramosum	+.2	*Cyclamen europaeum*	+
Anthyllis Vulneraria	+.2	*Polygala Chamaebuxus*	+
Scabiosa lucida	+.2	*Peucedanum Oreoselinum*	+
Thymus ovatus	+.2	*Linum catharticum*	+
Calamintha alpina	+.2	*Carlina acaulis*	+
Daphne Cneorum	+.2	*Euphorbia Cyparissias*	+
Globularia cordifolia	+.2	*Convallaria majalis*	+
Teucrium montanum	+.2		

Wie vergleichende Untersuchungen zeigen, haben wir hier eine *Erica carnea*-Heide vor uns, welche auf jungem Geröllboden im *Calamagrostis varia*-Bestand aufgekommen ist und sich früher oder später zum Schwarzföhrenbestand entwickeln würde.

„Calamagrostidetum variae seslerietosum variae ⁄ ERICETUM carneae calamagrostidetosum variae ⁄ Pinetum nigrae".

Diese Waldentwicklung wird aber durch Steinschlag und Schneeschub aufgehalten.

6. Die primäre *Erica carnea*-Heide, welche im
Silberwurzteppich aufgekommen ist,

Dryadetum octopetalae ⁄ ERICETUM carneae.

Diese *Erica carnea*-Heide treffen wir besonders in der Laubwaldstufe und
Unteren Nadelwaldstufe auf jungen Kalkgeröllböden. In der Oberen Nadelwaldstufe und Alpenstufe vermag die *Erica carnea*-Heide nur in sehr geschützten Lagen aufzukommen.

Ich untersuchte auf einem Schuttkegel des Ferlacher Almgebietes im Norden des Mittagskogels in den Karawanken in 1620 m Seehöhe einen *Erica
carnea*-Bestand, welcher im Silberwurzteppich aufgekommen ist.

Floristischer Aufbau:

Erica carnea	4.5	*Anthyllis Vulneraria*	+.2
Dryas octopetala	2.3	*Bartschia alpina*	+
Globularia cordifolia	2.2	*Aster Bellidiastrum*	+
Rhodothamnus Chamae-		*Valeriana saxatilis*	+
cistus	1.2	*Sesleria varia*	+
Daphne striata	1.2	*Euphrasia salisburgensis*	+
Biscutella laevigata	1.2	*Polygonum viviparum*	+
Carex firma	1.2	*Ranunculus hybridus*	+

Aus vergleichenden Untersuchungen erfahren wir, daß diese primäre *Erica
carnea*-Heide auf einem jungen Schuttkegel aufgekommen ist und sich zum
Bodenbasischen Latschenbestand weiter entwickeln wird.

Dryadetum octopetalae ⁄ ERICETUM carneae ⁄ Pinetum Mugi ericetosum carneae.

Neben dieser Entwicklung gibt es hier auch solche *Erica carnea*-Heiden,
welche sich zum Lärchenwald entwickeln. Diese *Erica carnea*-Heiden treffen
wir besonders in sonnigen, schneearmen Lagen.

7. Die primäre *Erica carnea*-Heide, welche im Arznei-
Bärentrauben-Bestand aufgekommen ist,

Arctostaphyletum Uvae-ursi ⁄ ERICETUM carneae.

Diese *Erica carnea*-Heide treffen wir besonders in sonnigen, warmen Lagen
auf Grobgeröllboden an.

Als Beispiel bringe ich eine *Erica carnea*-Heide, welche ich in der Schütt
am Südfuß der Villacher Alpe auf jungem Bergsturzgeröllboden in 550 m Seehöhe untersuchen konnte.

Floristischer Aufbau:

Erica carnea	4.3	*Leontodon incanus*	+
Arctostaphylos Uva-ursi	3.4	*Rhamnus saxatilis*	+
Campanula caespitosa	1.2	*Calamintha Acinos*	+
Amelanchier ovalis	1.1	*Sesleria varia*	+
Cotoneaster tomentosa	+	*Sorbus Aria*	+
Cytisus purpureus	+	*Epipactis atrorubens*	+
Pinus silvestris	+		
Daphne alpina	+	*Tortella inclinata*	+.2
Fraxinus Ornus	+		

Wie wir aus dem floristischen Aufbau ersehen, ist dieser Bestand sehr artenarm, da der Boden überaus trocken ist und sich nur solche Arten durchsetzen können, welche die große Bodentrockenheit gut ertragen.

Bezeichnend für den Lebenshaushalt von *Arctostaphylos Uva-ursi* ist, daß diese Bärentraube nicht nur auf trockenen basischen Böden, sondern auch auf trockenem saurem Boden die Vegetationsentwicklung einleiten kann. Daher treffen wir die Vegetationsentwicklung von der Bärentrauben-Heide zur *Erica carnea*-Heide (Arctostaphyletum Uvae-ursi ⁄ ERICETUM carneae) ebenso wie diese zur *Calluna*-Heide (Arctostaphyletum Uvae-ursi ⁄ CALLUNETUM vulgaris). Allerdings bevorzugt die Bärentraube ebenso wie *Erica carnea* den Mineralboden, weshalb wir beide Zwergsträucher niemals auf Moorböden antreffen.

Die oben aufgezeigte *Erica carnea*-Heide stelle ich zum Ericetum carneae, welches im Arctostaphyletum Urvae-ursi aufgekommen ist und sich weiter zum Pinetum silvestris entwickeln würde:

„Arctostaphyletum Uvae-ursi ⁄ ERICETUM carneae ⁄ Pinetum silvestris ericetosum carneae".

8. **Die primäre *Erica carnea*-Heide, welche im Herzkugelblumen-Bestand aufgekommen ist,**

Globularietum cardifoliae ⁄ ERICETUM carneae.

Diese *Erica carnea*-Heide treffen wir ebenfalls in sehr warmen sonnigen Lagen. Während aber *Dryas octopetala* grusigen basischen Boden bevorzugt und *Arctostaphylos Uva-ursi* mineralischen Grobgeröllboden, stellt *Globularia cordifolia* an die Feinerdebeimengung erheblich größere Ansprüche.

Globularia cordifolia schafft sich selbst einen zusagenden Boden, weil ihre Sprosse sich dicht auf den Boden legen und so den herabgeschwemmten und herangewehten Humus festhalten.

Pisek und **Cartellieri** haben festgestellt, daß *Erica carnea* und *Globularia cordifolia* Wasserverluste von 30% ertragen können.

Als Erläuterung diene eine *Erica carnea*-Heide, welche ich am sogenannten Melasrain nordöstlich Rosenbach in Kärnten auf einem basischen Nagelfluhhang in sonniger Lage in 615 m Seehöhe untersuchen konnte.

Floristischer Aufbau:

Erica carnea	4.3	*Carlina acaulis*	+.2
Globularia cordifolia	3.4	*Galium verum*	+.2
Leontodon incanus	1.2	*Peucedanum Oreoselinum*	+.2
Sesleria varia	1.2	*Euphorbia Cyparissias*	+.2
Hippocrepis comosa	1.2	*Prunella grandiflora*	+.2
Calamintha alpina	+.2	*Helianthemum ovatum*	+.2
Aster Amellus	+.2	*Thymus ovatus*	+.2
Lotus corniculatus	+.2	*Polygala Chamaebuxus*	+.2
Teucrium Chamaedrys	+.2		

Ich stelle diesen Bestand zum Ericetum carneae, welches im Globularietum cordifoliae aufgekommen ist und sich weiter zum Pinetum silvestris entwickelt; also zum

„Globularietum cordifoliae ⁄ Ericetum carneae ⁄ Pinetum silvestris ericetosum carneae".

In der Nadelwaldstufe gibt es aber auch solche Bestände, die sich zum Laricetum deciduae entwickeln (Globularietum cordifoliae ⁄ ERICETUM carneae ⁄ Laricetum deciduae ericetosum carneae) und solche, die sich zum Pinetum Mugi entwickeln (Globularietum cordifoliae ⁄ ERICETUM carneae ⁄ Pinetum Mugi ericetosum carneae).

9. Die primäre *Erica carnea*-Heide, welche im Zwerg-almrosen-Bestand aufgekommen ist,

Rhodothamnetum Chamaecisti ⁄ ERICETUM carneae.

Diese *Erica carnea*-Heide treffen wir besonders in luftfeuchten Schluchten und schneereichen Lagen auf trockenen basischen Böden in tieferen Lagen.

Eine solche *Erica carnea*-Heide konnte ich in einer 20° geneigten Mulde auf einem Nordhang der Oschelitzenklamm im Gailtal in 650 m Seehöhe untersuchen.

Floristischer Aufbau:

Erica carnea	4.5	*Valeriana saxatilis*	+
Rhodothamnus Chamae-		*Campanula caespitosa*	+
cistus	3.4	*Goodyera repens*	+
Rhododendron hirsutum	+.2	*Heliosperma alpestre*	+
Polygala Chamaebuxus	+.2	*Biscutella laevigata*	+
Calamagrostis varia	+.2	*Selaginella selaginoides*	+
Carex firma	+.2		
Pirola rotundifolia	+	*Ctenidium molluscum*	1.2
Aster Bellidiastrum	+		

Wir haben es hier mit einer primären *Erica carnea*-Heide zu tun, welche im Zwergalpenrosen-Bestand aufgekommen ist und sich weiter zum Lärchen-wald entwickelt.

"Rhodothamnetum Chamaecisti ⁄ ERICETUM carneae rhodothamneto-sum Chamaecisti ⁄ Laricetum deciduae".

Anschließend daran grenzt ein nur 7 m hoher Lärchenjungwald mit folgen-dem Aufbau an.

Baumschicht:		*Rhododendron hirsutum*	1.2
Larix decidua	5.5	*Polygala Chamaebuxus*	+.2
		Goodyera repens	+.2
Strauchschicht:		*Calamagrostis varia*	+
Picea excelsa	1.1	*Pirola rotundifolia*	+
Salix appendiculata (= S.		*Aster Bellidiastrum*	+
grandifolia)	1.1	*Valeriana saxatilis*	+
Ostrya carpinifolia	1.1	*Campanula caespitosa*	+
Pinus silvestris	+	*Hieracium silvaticum*	+
Abies alba	+		
		Moosschicht:	
Niederwuchs:		*Rhytidiadelphus triquetrus*	3.5
Erica carnea	4.5	*Hylocomium splendens*	2.5
Rhodothamnus Chamae-		*Ctenidium molluscum*	1.5
cistus	3.2	*Dicranum scoparium*	1.4

Diesen bodenbasischen Lärchenwald stelle ich zum Laricetum deciduae,
welches in der *Erica carnea*-Heide aufgekommen ist und sich zum Fichtenwald
weiter entwickeln wird:

„Ericetum carneae rhodothamnetosum Chamaecisti ↗ LARICETUM
deciduae ericetosum carneae ↗ Piceetum".

Wird dieser Lärchenwald niedergeschlagen, so verbleibt ebenfalls ein Ericetum carneae, das allerdings kein primäres Ericetum carneae ist, sondern ein
sekundäres Verwüstungsstadium des Laricetum ericetosum:

„Laricetum deciduae ericetosum carneae ↘ ERICETUM carneae sec. ↗
Laricetum".

Neben diesen *Erica-carnea*-Heiden, welche im Zwergalpenrosen-Bestand
aufgekommen sind und Beziehung zum Lärchenwald haben, treffen wir auch
solche, welche Beziehung zum Latschenbestand haben:

„Rhodothamnetum Chamaecisti ↗ ERICETUM carneae ↗ Pinetum
Mugi".

10. D i e   p r i m ä r e   *E r i c a   c a r n e a* - H e i d e,   w e l c h e   i m   G a m a n d e r -
B e s t a n d   a u f g e k o m m e n   i s t,

Teucrietum Chamaedryos ↗ ERICETUM carneae,

treffen wir auch da und dort in Beziehung zum Pinetum silvestris, Pinetum
nigrae, Quercetum pubescentis, Quercetum petraeae, Fraxinetum Orni, Ostryetum carpinifoliae an.

Zusammengenommen besitzt das Ericetum carneae, welches im Teucrietum
Chamaedryos aufgekommen ist, nur eine geringe Verbreitung.

11. D i e   p r i m ä r e   *E r i c a   c a r n e a* - H e i d e,   w e l c h e   i m   B e r g -
g a m a n d e r - B e s t a n d   a u f g e k o m m e n   i s t,

Teucrietum montanae ↗ ERICETUM carneae,

besitzt schon eine größere Bedeutung.

Diese *Erica carnea*-Heide treffen wir in Beziehung zu den Wäldern, welche
wir vorhin aufgezeigt haben; daneben aber auch zum Laricetum deciduae,
Pinetum Cembrae, Pinetum Mugi.

Während *Teucrium Chamaedrys* nur wenig über 1800 m ü. M. steigt,
treffen wir *Teucrium montanum* in weit über 2300 m Seehöhe.

12. D i e   p r i m ä r e   *E r i c a   c a r n e a* - H e i d e,   w e l c h e   i m   S c h n e e -
p e s t w u r z - B e s t a n d   a u f g e k o m m e n   i s t,

Petasitetum paradoxi ↗ ERICETUM carneae.

Diese *Erica carnea*-Heide treffen wir nur auf basischen Geröllböden von
der warmen Laubwaldstufe bis weit in die Alpenstufe an.

Petasites paradoxus, die Schneepestwurz, ist ein Rhizomgeophyt, hält also
seine Ausläufer und Erneuerungsknospen in bestimmter Tiefe unter der Erdoberfläche und hat die Fähigkeit, unterirdisch zu wandern, weshalb sie lockeren
Boden bevorzugt. An die Feuchtigkeit des Bodens stellt sie große Ansprüche
und kommt daher mit Vorliebe auf Lawinenschuttkegeln, wasserzügigen Alluvionen und Moränen vor.

Ihre Vorliebe für Lawinenschuttkegel bringt es mit sich, daß sie lange Schneebedeckung sehr gut ertragen kann. Sie vermag mit ihren bis 3 m langen, überaus starken, zugfesten Rhizomen sehr stark bewegtes Geröll zu besiedeln und zu befestigen. So konnte ich im Woronitza-Graben in den Karawanken beobachten, wie sie einen 60° geneigten, wasserzügigen, bewegten Geröllhang befestigte und dadurch auch anderen Pionierpflanzen, z. B. *Erica carnea*, die Möglichkeit gab, trotz geringerer Anpassung an stark bewegtes Gerölle aufzukommen. Diese Schneepestwurz besiedelt nicht nur die Gerölle, sondern staut sie auch mit ihren oft ausgedehnten Horsten und bietet dadurch der Bewaldung große Erleichterungen. Sie ist ausgesprochen basiphil, verlangt große Bodendurchlüftung und ist daher auf mehr oder weniger sauren lehmigen, luftarmen Böden gegenüber *Tussilago Farfara* nicht konkurrenzfähig. Ihre Keimfähigkeit ist sehr beträchtlich; ich konnte solche von 90% feststellen.

Vergesellschaftet mit ihr ist vielfach *Silene Cucubalus* ssp. *alpina* (= *S. Willdenowii*), das Alpen-Leimkraut. Dieses Leimkraut ist kein Rhizomgeophyt, da seine Erneuerungsknospen ein wenig über der Erdoberfläche liegen. Es besitzt aber eine zugfeste Pfahlwurzel, die den Boden festigt und staut und daher ebenfalls den Boden für das Aufkommen von *Erica carnea* bewohnbar macht. Die unverzweigten Pfahlwurzeln von *Silene Cucubalus* ssp. *alpina* erreichen weit über 2 m Länge und wachsen auch in ziemlicher Bodentiefe hangaufwärts. Allerdings übt dieses Alpen-Leimkraut eine geringere Stauwirkung als *Petasites paradoxus* aus, vermag aber dafür auch in sonnigen Lagen auf weniger feuchten Böden gut zu gedeihen und steigt um vieles höher als *Petasites*.

Eine derartige *Petasites paradoxus*-Gesellschaft konnte ich in 1360 m Seehöhe auf einem 5° geneigten Nordhang unter dem Weinasch im Bärental untersuchen und fand folgenden floristischen Aufbau:

Petasites paradoxus	1.2	*Heliosperma alpestre*	+
Silene alpina (= S. Willde-		*Calamagrostis varia*	+
nowii)	1.2	*Salix glabra*	+
Erica carnea	1.2	*Veronica lutea (= Paederota*	
Globularia cordifolia	1.2	*lutea)*	+
Scrophularia Hoppei	+	*Salix grandifolia*	+
Dryopteris Robertiana		*Salix purpurea*	+
(= Lastrea obtusifolia)	+	*Rhodothamnus Chamae-*	
Campanula cochleariifolia	+	*cistus*	+

Wie aus vergleichenden Untersuchungen zu ersehen, breitet sich *Erica carnea* in dem nunmehr gefestigten Boden aus und ermöglicht schließlich der Lärche, die Vegetationsentwicklung zum Laricetum deciduae ericetosum einzuleiten.

Dieses im *Petasites paradoxus*-Bestand aufgekommene Ericetum stelle ich zum

„Petasitetum paradoxi silenetosum alpinae ⁄ ERICETUM carneae ⁄ Laricetum".

Zu diesem *Petasites paradoxi - Silene Willdenowii* - Bestand ist noch zu sagen, daß auch *Scrophularia Hoppei* und *Lastrea obtusifolia (= Dryopteris Robertiana)* geröllfestigend wirken.

H o p p e ' s Braunwurz *(Scrophularia Hoppei)* vermag sich mit ihren starken ästigen Wurzeln fest zu verankern, erträgt aber sehr bewegliches Geröll nicht.

Der Ruprechtsfarn oder Kalkfarn *(Lastrea obtusifolia = Dryopteris Robertiana)* ist ein ausgeprägter Rhizomgeophyt, dessen meterlange, sehr zugfest gebaute und verzweigte Rhizome das Geröll durchwandern. Das Rhizom verwittert an seinem unteren Ende und wächst am oberen Ende weiter; es ist mit abgestorbenen, teilweise schon halb verwesten Blättern bedeckt.

Petasites paradoxus und *Silene Willdenowii* festigen zuerst das Geröll. Ist es einigermaßen gefestigt, so gesellen sich *Scrophularia Hoppei* und *Lastrea obtusifolia (= Dryopteris Robertiana)* hinzu und festigen auch ihrerseits das bewegliche Geröll.

Erst wenn es durch diese Pionierpflanzen völlig gefestigt ist, kommen *Erica carnea*, begleitet von *Globularia cordifolia, Rhodothamnus Chamaecistus* und anderen auf.

Von den Weiden vermag *Salix glabra* noch am meisten bewegliches Geröll zu ertragen.

Neben dieser Vegetationsentwicklung zum Laricetum deciduae müssen wir besonders auch noch diese zum Pinetum silvestris, Pinetum nigrae, Pinetum Mugi unterscheiden.

W i r t s c h a f t l i c h e F o l g e r u n g e n. Der Gang der Vegetationsentwicklung zeigt uns, daß die *Erica carnea*-Heide sich erst dann durchsetzen kann, wenn der bewegliche Geröllboden gefestigt wurde. Erst dann vermögen, je nach den Umweltverhältnissen, die verschiedenen Holzgewächse wie *Pinus silvestris, Pinus nigra, Pinus Mugo, Larix decidua* die Bewaldung einzuleiten.

Wollen wir also Gänge mit beweglichem Kalkgeröll bewalden, so müssen wir erst das Geröll durch geröllstauende Pflanzen beruhigen.

II. Die sekundären *Erica carnea*-Heiden, welche als Verwüstungsgesellschaften verschiedener Zwergstrauch-Heiden, Nadel- und Laubwaldgesellschaften sekundär aufgekommen sind

13. D i e s e k u n d ä r e *E r i c a c a r n e a*-H e i d e, w e l c h e a l s V e r w ü s t u n g s s t a d i u m d e s W i m p e r a l p e n r o s e n - B e s t a n d e s a u f g e k o m m e n i s t,

Rhodoretum hirsuti ⟍ ERICETUM carneae.

Als Beispiel einer solchen *Erica carnea*-Heide bringe ich folgende Aufnahme von einem 45° steilen Westhang im Raume der Erlacherhütte im Langalpental ob Radenthein in Kärnten von 1650 m Seehöhe.

F l o r i s t i s c h e r A u f b a u :

Erica carnea	4.5	*Rhododendron inter-*	
Rhododendron hirsutum	3.2	*medium*	1.2
Vaccinium Myrtillus	1.2⁰	*Deschampsia flexuosa*	1.2
Vaccinium Vitis-idaea	1.2	*Luzula albida*	+.2
Calluna vulgaris	1.2	*Sesleria varia*	+.2
Calamagrostis varia	1.2	*Homogyne alpina*	+.2

Bartschia alpina	+	M o o s s c h i c h t :	
Sorbus aucuparia	+	*Hylocomium splendens*	3.4
Juniperus sibirica		*Pleurozium Schreberi*	2.2
(= J. nana)	+	*Dicranum scoparium*	1.2
Larix decidua	+	*Cetraria islandica*	+

Wir haben hier eine sekundäre *Erica carnea*-Heide vor uns, welche durch Streunutzungs-Plaggenhieb aus dem Wimperalpenrosen-Bestand entstanden ist und sich früher oder später wieder zum Lärchenwald entwickeln wird.

„Rhodoretum hirsuti ericetosum carneae ⟍ ERICETUM carneae ⟋ Laricetum ericosum carneae."

Wieso kam es in dieser Höhenlage überhaupt zur Streunutzung? Der Hang liegt oberhalb des Weges zur Erlacherhütte. Hier konnte mit geringstem Kraftaufwand die Streu im Plaggenhieb genutzt werden, weil diese vom Oberhang direkt auf den Abfuhrweg kollerte.

Bei fortgesetzter Streunutzung würde der *Erica carnea*-Bestand völlig verkarsten und zum Seslerietum variae degradiert werden.

Diese *Erica carnea*-Heide ist infolge der bodenzerstörenden Eingriffe begleitet von vielen azidiphilen Arten: *Vaccinium Myrtillus, Vaccinium Vitisidaea, Calluna vulgaris, Rhododendron intermedium, Deschampsia flexuosa, Luzula albida, Homogyne alpina,* also zum sogenannten Calluneto-Ericetum degradiert, welches für viele Pflanzengeographen ein Rätsel zu sein scheint. Das Zusammenfinden dieser bodenbasischen und bodensauren Arten ist aber kein Rätsel, sondern leicht erklärlich. Durch die bodenzerstörenden Eingriffe der Streunutzung wurde das Bodenleben so dezimiert, daß der Bestandesabfall nicht mehr verarbeitet werden kann, sondern roh liegen bleibt. In diesem den darunterliegenden basischen Untergrund isolierenden Rohhumusboden können ungestört die azidiphilen Arten aufkommen.

14. D i e s e k u n d ä r e *E r i c a c a r n e a* - H e i d e a l s V e r w ü s t u n g s -
s t a d i u m d e s L a t s c h e n - B e s t a n d e s,

Pinetum Mugi prostratae ⟍ ERICETUM carneae.

Einen solchen *Erica carnea*-Bestand konnte ich am schwach nach Osten geneigten Hang der Melitzen ob Radenthein in Kärnten in 2100 m Seehöhe untersuchen.

F l o r i s t i s c h e r A u f b a u :

Erica carnea	5.5	*Tofieldia calyculata*	+.2
Sesleria varia	4.2	*Globularia cordifolia*	+.2
Carex mucronata	1.2	*Gymnadenia odoratissima*	+.2
Helianthemum grandi-		*Carex firma*	+.2
florum	+.2	*Calamagrostis varia*	+.2
Helianthemum alpestre	+.2	*Carex sempervirens*	+.2
Ranunculus hybridus	+.2	*Pinus Mugo*	+.2
Primula Auricula	+.2		
Aster Bellidiastrum	+.2	*Cetraria islandica*	+.2
Pedicularis verticillata	+.2		

Wir erfahren aus diesem floristischen Aufbau, daß

1. keine einzige azidiphile Art vorhanden ist;
2. unser *Erica carnea*-Bestand sehr große Beziehungen zur Blaugrashalde besitzt.

Aus vergleichenden Untersuchungen müssen wir annehmen, daß unser *Erica carnea*-Bestand ein Verwüstungsstadium des *Erica carnea*-reichen Latschenbuschwaldes ist und sich wieder zum Latschenbuschwald entwickeln würde.

Ich stelle ihn daher im Sinne meiner Vegetationsentwicklungstypen zum Pinetum Mugi ericetosum carneae ↘ ERICETUM carneae seslerietosum variae ↗ Pinetum Mugi ericetosum.

Meine Annahme, daß wir uns hier noch in der Waldstufe befinden, wird dadurch bestätigt, daß rund um unseren *Erica*-Bestand mosaikartig unter sonst gleichen Klimabedingungen Latschenhorste auftreten. Knapp neben unserem *Erica*-Bestand zeigt ein solcher Latschenhorst folgenden floristischen Aufbau:

Pinus Mugo	5.5	*Ranunculus hybridus*	+
Erica carnea	5.5	*Valeriana saxatilis*	+
Sesleria varia	2.1⁰		
Helianthemum grandi-		*Trichocolea tomentella*	1.3
florum	+⁰	*Hylocomium splendens*	+
Polygonum viviparum	+⁰		

Wenn nun ein solcher *Erica*-reicher Latschenbestand niedergeschlagen wird, so bekommt das Blaugras wieder Lebenskraft und wir haben einen *Erica*-Bestand vor uns, wie wir ihn oben beschrieben haben.

Neben diesem Latschenbuschwald gibt es eine Reihe anderer in ähnlicher Lage. Da zeigt es sich nun, daß die älteren Latschenbestände geschlossener und höher sind und infolge der jahrzehntelangen Produktion von Bestandesabfall schon eine dicke Auflagehumusschicht besitzen, in welcher neben der reichlichen Moosschicht viele azidiphile Arten auftreten, so insbesondere *Ptilium crista-castrensis, Hylocomium splendens, Rhytidiadelphus triquetrus, Dicranum scoparium, Vaccinium Myrtillus, V. Vitis-idaea, V. uliginosum.*

Wird nun ein solcher Bestand niedergeschlagen, so versteht es sich, daß im Ericetum carneae auch eine ganze Reihe azidiphiler Arten auftreten.

50 m oberhalb finden wir noch alte Baumstrünke und Baumleichen, sowie Lärchen, Zirben und Fichten im Latschenbestand. Wir müssen also annehmen, daß dieses Gebiet ehemals völlig bewaldet war und sich wieder bewalden würde, wenn der waldfeindliche extensive Weidebetrieb aufhören würde. Die Entwaldung dieses Gebietes hat ganz wesentlich der nahe Bergbau begünstigt, der nur wenige Minuten von unserem *Erica*-Bestand seine Halden aufgebaut hat.

Einen anderen *Erica carnea*-Bestand untersuchte ich am 25⁰ geneigten Schuttmantelhang am Brunnleitenweg am Südhang des Dobratsch in 1800 m Seehöhe.

Floristischer Aufbau:

Erica carnea	5.5	*Galium pumilum*	1.2
Daphne striata	2.3	*Sesleria varia*	1.2
Vaccinium Vitis-idaea	2.2	*Calamagrostis varia*	1.2

Helianthemum grandiflorum	1.2	*Rhinanthus aristatus*	+.2
Anthyllis Vulneraria	1.2	*Oxytropis montana*	+.2
Calamintha alpina	1.2	*Ranunculus hybridus*	+.2
Arctostaphylos Uva-ursi	1.2	*Coronilla vaginalis*	+.2
Teucrium montanum	1.2	*Prunella grandiflora*	+.2
Teucrium Chamaedrys	1.2	*Achillea Clavenae*	+.2
Linum catharticum	1.1	*Thymus ovatus*	+.2
Gymnadenia odoratissima	1.1	*Thesium alpinum*	+.2
Stachys recta	+.2	*Carex sempervirens*	+.2
Carlina acaulis	+.2	*Asperula aristata*	+
Buphthalmum salicifolium	+.2	*Koeleria eriostachya*	+
Euphrasia salisburgensis	+.2	*Pedicularis rostrato-capitata*	+
Scabiosa lucida	+.2	*Dianthus Sternbergii*	+
		Senecio abrotanifolius	+

Aus vergleichenden Untersuchungen erfahren wir, daß unsere *Erica carnea*-Heide ein Waldverwüstungsstadium eines *Erica-carnea*-reichen Latschen-bestandes ist und durch waldverwüstende Eingriffe wie Abhieb der Latschen. starken Gemsstand zur Blaugrashalde degradiert wird.

Ich stelle diesen Bestand zum

„Pinetum Mugi ericosum carneae ⟍ ERICETUM carneae ⟍ Seslerietum variae".

Ein Latschenbuschwald derselben Örtlichkeit hatte folgenden floristischen Aufbau:

Strauchschicht:

Pinus Mugo	5.5	*Valeriana tripteris*	+
Lonicera coerulea	+	*Geranium silvaticum*	+
Rosa pendulina	+	*Galium asperum*	+
Juniperus nana (= J. sibirica)	+	*Anemone trifolia*	+
Salix grandifolia	+	*Lastrea Dryopteris (= Dryopteris Linnaeana)*	+
Larix decidua	+	*Calamagrostis varia*	+
Sorbus Chamaemespilus	+	*Laserpitium peucedanoides*	+
Sorbus aucuparia var. *glabrata*	+	*Carlina acaulis*	+
Picea excelsa	+	*Ranunculus hybridus*	+
		Sesleria varia	+
		Pulsatilla alpina	+
		Coronilla vaginalis	+
		Prunella grandiflora	+
		Senecio abrotanifolius	+

Niederwuchs:

Erica carnea	2.3	
Vaccinium Vitis-idaea	2.2	
Vaccinium Myrtillus	1.2	
Daphne striata	1.2	

Moosschicht:

Hylocomium splendens	2.2
Rhytidiadelphus triquetrus	1.3
Pleurozium Schreberi	1.2
Dicranum scoparium	+.2
Ptilium Crista-castrensis	+

Rubus saxatilis	1.1
Valeriana montana	1.1
Rhododendron hirsutum	+
Lastrea obtusifolia (= Dryopteris Robertiana)	+

Aus dem Aufbau dieses Latschenbuschwaldes verstehen wir den verhält-nismäßig hohen Anteil von Preißelbeere *(Vaccinium Vitis-idaea)* in unserem

Erica-Bestand; denn in diesem kommt die Preißelbeere ebenso häufig vor. Die Heidelbeere *(Vaccinium Myrtillus)* vermag wohl den geschützten Latschenbestand zu besiedeln, aber erträgt auf diesem trockenen Boden nicht die sonnige Freilage, obwohl auch in der *Erica*-Heide Restbestände sauren Humusbodens auflagern. Dasselbe gilt für die reichliche Moosschicht. Auch die besonders anspruchsvollen krautigen Pflanzen wie *Valeriana tripteris, Valeriana montana, Geranium silvaticum, Anemone trifolia,* können in offener, sonniger Lage auf dem trockenen Boden nicht bestehen.

Die vielen strauchigen Arten des *Erica carnea*-reichen Latschenbestandes wie *Lonicera coerulea, Rosa pendulina, Juniperus nana (= J. sibirica), Salix grandifolia (= S. appendiculata), Sorbus Chamaemespilus, Picea excelsa* vermögen die sonnige Steilhanglage nicht zu ertragen.

Forstwirtschaftliche Folgerungen: Die Schwendung des Latschenbestandes in sonniger Lage bedeutet einen überaus ernsten waldverwüstenden Eingriff, von dem sich der Boden durch viele Jahrzehnte nicht erholen wird. Der Schaden durch diese Schwendung ist hier um so größer, als der Latschenbestand eben im Begriffe war, sich zum Lärchen-Fichten-Mischwald aufwärts zu entwickeln.

15. Die sekundäre *Erica carnea*-Heide als Verwüstungsstadium des Spirkenwaldes,

Pinetum Mugi arboreae ↘ ERICETUM carneae.

J. Braun-Blanquet bringt ein sehr interessantes Beispiel vom Offenpaßgebiet. Hier wird der von *Dryas octopetala* und *Arctostaphylos Uva-ursi* gefestigte Kalkschutt zuerst vom Spirkenwald (Spirke = *Pinus Mugo arborea = P. uncinata*) besiedelt. Bei ungestörter Entwicklung folgen sich in seinem Schutze mehrere Unterwuchstypen. Auf den moosarmen *Erica carnea-Juniperus*-Typus folgen moosreichere und daher etwas bodenfeuchtere Typen mit *Erica carnea, Rhododendron hirsutum, Vaccinium uliginosum, Vaccinium Vitis-idaea* usw. In diesen moosreicheren Typen (Fazies) erst vermag *Pinus Cembra* Fuß zu fassen. Bei genauem Nachsuchen entdeckt man Massen von Arvenkeimlingen, wogegen *Pinus montana*-Jungwuchs in den genannten Fazies selten auftritt. Braun-Blanquet verweist darauf, daß er unter einer einzigen Spirke im *Pinus Mugo arborea*-Wald nebst einer toten, nicht weniger als 32 lebende, freudig gedeihende junge Arven von 10 cm bis 5 m Höhe gezählt hat und schließt daraus, daß sich der *Pinus Mugo arborea*-Wald zum *Pinus Cembra*-Wald entwickelt.

Im Sinne meiner Vegetationsentwicklungstypen müssen wir den *Pinus Mugo arborea*-Wald zum

> „Dryadetum octopetalae arctostaphyletosum Uvae-ursi ↗ Pinetum Mugi arboreae ericosum carneae ↗ Pinetum Cembrae"

stellen.

Wird der *Erica carnea*-reiche Spirkenwald niedergeschlagen, so wird er zur *Erica carnea*-Heide degradiert, die ich im Sinne der Vegetationsentwicklungstypen zum

> „Pinetum Mugi arboreae ↘ ERICETUM carneae ↗ Pinetum Mugi arboreae"

stelle.

Das heißt, daß durch waldverwüstende Eingriffe des Kahlschlages der Spirkenwald zur *Erica carnea*-Heide degradiert wird und in dieser nicht die Zirbe, sondern die Spirke sich verjüngt; denn aus den Ausführungen B r a u n - B l a n q u e t ' s haben wir erfahren, daß die Zirbe *(Pinus Cembra)* erst im moosreichen Typ des Spirkenwaldes sich verjüngt. Durch den Kahlschlag verliert der Boden aber seinen Moosreichtum und die Weiterentwicklung vom *Pinus Mugo arborea*-Wald zum *Pinus Cembra*-Wald wird unterbunden.

Eine *Erica carnea*-Heide dieser Art untersuchte ich an einem sonnig gelegenen Hang im Raum der Erlacheralm in 1850 m Seehöhe und fand folgenden Aufbau:

Erica carnea	4.5	*Salix grandifolia*	+
Calamagrostis varia	2.3	*Euphrasia salisburgensis*	+
Sesleria varia	2.2	*Anthyllis alpicola*	+
Carex sempervirens	1.3	*Hieracium villosum*	+
Helianthemum grandi-		*Gymnadenia odoratissima*	+
florum	1.2	*Carlina acaulis*	+
Senecio abrotanifolius	1.2	*Campanula Scheuchzeri*	+
Valeriana saxatilis	1.2	*Tofieldia calyculata*	+
Scabiosa lucida	+.2	*Aster Bellidiastrum*	+
Phyteuma orbiculare	+.2	*Carduus defloratus*	+
Bartschia alpina	+.2	*Gentiana anisodonta*	+
Ranunculus hybridus	+.2	*Biscutella laevigata*	+
Lilium Martagon	+	*Heliosperma alpestre*	+
Pinus Cembra	+	*Polygonum viviparum*	+
Larix decidua	+	*Thesium alpinum*	+
Vaccinium Vitis-idaea	+	*Laserpitium latifolium*	+
Clematis alpina	+	*Valeriana tripteris*	+
Rosa pendulina	+	*Hieracium silvaticum*	+
Salix glabra	+	*Aquilegia vulgaris*	+

Aus vergleichenden Untersuchungen erfahren wir, daß diese *Erica carnea*-Heide ein Waldverwüstungsstadium eines bodenbasischen Zirbenwaldes ist, welcher im Blaugras-reichen Ericetum carneae aufgekommen ist. Allerdings handelt es sich hier um einen sekundären Zirbenwald, der seinerseits ein Verwüstungsstadium eines Lärchen-Fichten-Mischwaldes ist.

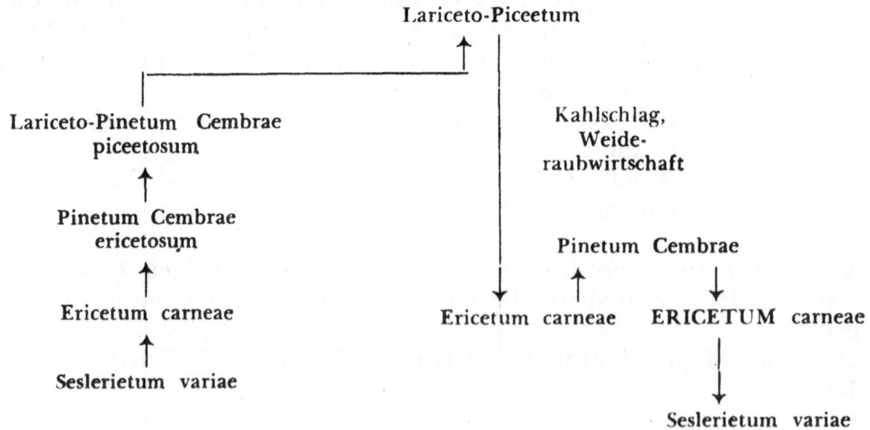

Ich stelle daher diese *Erica carnea*-Heide zum

„Pinetum Cembrae sec. ⟍ ERICETUM carneae seslerietosum variae ⟋ Pinetum Cembrae";

also zu einer *Erica carnea*-Heide, welche ein Waldverwüstungsstadium des Pinetum Cembrae ist.

Pinus Cembra und *Larix decidua* kommen wieder in der *Erica carnea*-Heide auf und leiten die Vegetationsentwicklung zum Pinetum Cembrae, unterstützt von Sträuchern wie *Salix glabra, Salix grandifolia, Rosa pendulina* wieder ein.

Die Beziehung zur Blaugrashalde (Seslerietum variae) ist aus den besonderen Charakterpflanzen dieser Gesellschaft zu ersehen: *Sesleria varia, Carex sempervirens, Helianthemum grandiflorum, Euphrasia salisburgensis, Anthyllis alpicola, Scabiosa lucida, Hieracium villosum, Phyteuma orbiculare, Bartschia alpina.*

Laserpitium latifolium und *Lilium Martagon* haben sich als Waldpflanzen gehalten. Die beiden Arten sind geradezu als syngenetische Differenzialarten für jene Blaugrashalden zu werten, die Verwüstungsstadien des Waldes sind. Die beiden Arten ertragen zufolge ihrer unterirdischen Wurzelstöcke bzw. Zwiebeln auch große oberflächliche Trockenheit und können sich daher in der Blaugrashalde noch sehr lange halten. In den alpinen Blaugrashalden finden die beiden Arten mit ihren großen Blattoberflächen wenig Möglichkeit zum Aufkommen. Sie kommen aber im Schutze des lichten Waldes auf und können sich nach Freistellung halten.

16. Die sekundäre *Erica carnea*-Heide als Verwüstungsstadium des Rotföhrenwaldes,

Pinetum silvestris ⟍ ERICETUM carneae.

Zur Erläuterung diene folgende Aufnahme einer *Erica carnea*-Heide, welche ich auf einem 10° nordöstlich geneigten, vom Singerberg kommenden Schuttkegel beim Weißenbach bei Ferlach in 570· m Seehöhe untersuchen konnte.

Floristischer Aufbau:

Erica carnea	5.5	*Pinus silvestris*	1.1
Juniperus communis	3.3	*Crataegus monogyna*	1.1
Berberis vulgaris	3.3	*Pinus nigra*	1.1
Daphne Cneorum	2.3	*Rhamnus Frangula*	1.1
Polygala Chamaebuxus	2.3	*Rubus saxatilis*	1.1
Cytisus nigricans	2.3	*Picea excelsa*	1.1°
Salix glabra	2.3	*Ligustrum vulgare*	+.2
Helleborus niger	2.2	*Linum viscosum*	+.1
Teucrium Chamaedrys	2.2	*Cytisus purpureus*	+.1
Campanula caespitosa	2.2	*Clematis recta*	+.1
Pteridium aquilinum	2.2	*Fraxinus Ornus*	+.1
Potentilla erecta	1.2	*Ostrya carpinifolia*	+.1
Calamagrostis varia	1.2	*Rhamnus cathartica*	+.1
Carex caryophyllea	1.2	*Rhamnus saxatilis*	+.1

Genista germanica	+	*Carex flacca*	+
Laserpitium peucedanoides	+	*Aquilegia vulgaris*	+
Petasites paradoxus	+	*Parnassia palustris*	+
Cyclamen europaeum	+	*Linum catharticum*	+
Carlina acaulis	+	*Galium purpureum*	+
Genista tinctoria	+		
Buphthalmum salicifolium	+		
Prunella grandiflora	+	**Moosschicht:**	
Gentiana ciliata	+		
Sieglingia decumbens	+	*Pseudoscleropodium purum*	2.3
Hippocrepis comosa	+	*Pleurozium Schreberi*	1.2
Geranium sanguineum	+	*Rhytidiadelphus triquetrus*	+.2
Biscutella laevigata	+	*Tortella inclinata*	+.2
Peucedanum Oreoselinum	+		

Vergleichende Untersuchungen ergeben, daß unsere *Erica carnea*-Heide ein Waldverwüstungsstadium des *Erica carnea*-reichen Rotföhrenwaldes ist, der mit dem Schwarzföhrenwald in Beziehung steht und sich zum Rotföhren-Schwarzföhren-Bestand aufwärts entwickeln wird.

Ich stelle sie daher zum

„Pinetum silvestris pinetosum nigrae ⟍ ERICETUM carneae pteridetosum aquilinae ⟋ Pinetum silvestris pinetosum nigrae".

Der Hinweis, daß wir diese *Erica carnea*-Heide zu einer Adlerfarn-Ausbildung stellen (pteridetosum aquilinae) ist überaus wichtig, weil wir damit hinweisen, daß der Unterboden dieses Schuttkegels einen guten Wasserhaushalt besitzt. Dies wird aber auch von anderen Arten angezeigt, wie z. B. *Salix glabra, Ligustrum vulgare, Rhamnus Frangula, Petasites paradoxus, Carex flacca, Berberis vulgaris.* Diesem Umstande ist es auch zuzuschreiben, daß im angrenzenden Rotföhrenwald so viele anspruchsvolle Arten wachsen, wie z. B. *Euphorbia amygdaloides, Anemone trifolia, Knautia drymeia, Euphorbia dulcis.* Diese werden allerdings auch durch die Beschattung und durch die Lage im luftfeuchten Klimagebiet des Rotbuchen-Tannenwaldes gefördert.

Der Artenreichtum wird durch den ungeregelten Weidetritt mitbegünstigt; denn die Weidetiere öffnen, besonders bei nassem Wetter mit ihren scharfen Klauen den Boden und verbreiten viele Samen.

Durch den ungeregelten Weidebetrieb werden allerdings auch die Pflanzen gefördert, welche infolge ihrer Stacheln und Dornen oder ihres schlechten Geschmackes nicht gefressen werden, wie z. B. *Juniperus communis, Berberis vulgaris, Crataegus monogyna, Rhamnus Frangula, Ligustrum vulgare, Rosa* spec. div., *Rhamnus cathartica, Daphne Cneorum, Genista germanica, Prunella grandiflora, Pteridium aquilinum, Helleborus niger, Euphorbia Cyparissias, Carlina acaulis, Genista tinctoria.*

Wirtschaftliche Folgerungen: Diese *Erica carnea*-Heide ist wie die meisten *Erica*-Heiden ein Waldverwüstungsstadium. Es unterscheidet sich von den meisten anderen aber dadurch, daß es im optimalen Buchenklimagebiet liegt und einen guten Wasserhaushalt im Untergrund besitzt.

Wir könnten mit großen Erfolgsaussichten diese Heide mit Schwarzföhren anforsten und diesen einen Unterbau von Rotbuche, Tanne und Fichte geben.

Für den Unterbau mit Fichte wählen wir am besten jene Orte, die besonders licht sind; für den Unterbau mit Rotbuche und Tanne insbesondere die

Orte, welche durch die Wacholder- und Sauerdornbesiedlung einen guten Wasser- und Nährstoffhaushalt anzeigen. Streunutzung und Weidenutzung müssen aber unbedingt eingestellt werden, wenn wir unsere Waldwirtschaft in die Höhe bringen wollen, schon allein darum, weil wir verhältnismäßig leicht unseren Heidebestand bewalden und durch geregelte Wirtschaft einen Rotbuchen-Tannen-Fichten-Mischwald erziehen können. Im übrigen werden ganz von selbst von der Umgebung alle möglichen Samen von Schwarzföhre, Rotföhre, Fichte, Rotbuche und Tanne herankommen und die natürliche Wiederbewaldung begünstigen.

Die Überführung der *Erica*-Heide in ein Grünland wäre nicht zu empfehlen, weil der Oberboden sehr wasserdurchlässig ist und statt einer saftigen Wiese ein armseliger Trockenrasen entstünde.

Zum besseren Verständnis dieser *Erica*-Heide bringen wir den floristischen Aufbau des angrenzenden Rotföhrenwaldes, der unter sonst gleichen Umweltbedingungen wächst, auf einem 10⁰ Nordost geneigten Schuttkegel in 570 m Seehöhe.

Baumschicht:

Pinus silvestris	5.5
Pinus nigra	+.1
Picea excelsa	+.1⁰

Strauchschicht:

Daphne Cneorum	2.2
Berberis vulgaris	2.2
Juniperus communis	2.2
Salix glabra	1.2
Pinus nigra	1.1
Pinus silvestris	+
Ostrya carpinifolia	+
Crataegus monogyna	+
Rhamnus Frangula	+
Ligustrum vulgare	+
Rhamnus cathartica	+
Rhamnus saxatilis	+

Niederwuchs:

Erica carnea	5.5
Polygala Chamaebuxus	2.2
Cytisus nigricans	2.2
Helleborus niger	2.1
Potentilla erecta	2.1
Carex caryophyllea	1.2
Teucrium Chamaedrys	1.1
Rubus saxatilis	1.1
Peucedanum Oreoselinum	1.1
Buphthalmum salicifolium	1.1
Biscutella laevigata	1.1
Prunella grandiflora	1.1
Pteridium aquilinum	1.1
Euphorbia Cyparissias	1.1
Euphorbia amygdaloides	1.1
Calamagrostis varia	+
Cyclamen europaeum	+
Anemone trifolia	+
Petasites paradoxus	+
Campanula caespitosa	+
Knautia drymeia	+
Aquilegia vulgaris	+
Galium verum	+
Geranium sanguineum	+
Thesium bavarum	+
Genista tinctoria	+
Lotus corniculatus	+
Carex flacca	+
Gentiana ciliata	+
Genista germanica	+
Sieglingia decumbens	+
Tofieldia calyculata	+
Euphorbia dulcis	+
Parnassia palustris	+
Carlina acaulis	+
Galium pumilum	+
Polygala amara	+
Selaginella helvetica	+
Hippocrepis comosa	+
Cirsium Erisithales	+

M o o s s c h i c h t:

*Pseudoscleropodium
purum*   3.3

*Rhytidiadelphus tri-
quetrus*   +.2
Tortella inclinata   +.2
Pleurozium Schreberi   +

Wir sehen aus dem floristischen Aufbau dieses Waldes eine ganze Reihe anspruchvoller Arten, welche wir vorhin angeführt haben.

Wir stellen diesen Wald zur Schwarzföhrenausbildung des *Erica carnea*-reichen Rotföhrenwaldes, der früher oder später über ein Fichtenwaldstadium zum Rotbuchen-Tannen-Fichten-Mischwald führen würde (Ericetum carneae ⁄ PINETUM silvestris pinetosum nigrae ericosum carneae ⁄ Abieteto-Fagetum piceetosum).

Die begrabenen Humushorizonte im Aufschluß eines Kalkschuttkegels deuten darauf hin, daß Hochwasserkatastrophen wiederholt den vegetationsbedeckten Oberboden vermurt haben.

Die Beziehung zum Schwarzföhrenwald geht klar daraus hervor, daß die Schwarzföhre im Unterwuchs aufkommt und, die Beschattung besser ertragend. sich durchsetzt. Die Rotföhre braucht die Konkurrenz der Fichte nicht zu fürchten, da diese ihren Wasserhaushalt noch nicht so befriedigen kann, daß sie lebenskräftig aufkommen kann.

Warum ist dieser Wald in seiner Entwicklung in den letzten tausend Jahren nicht schon weiter zum Buchenwald gelangt?

Die Erklärung liegt hier darin, daß, wie aus dem Bodenprofil (Bild auf Seite 96) hervorgeht, immer wieder Hochwasserkatastrophen den Boden neu mit Schutt überlagern und die Vorbedingung zu neuer Besiedlung bieten. In unserem Waldboden sind im Wildbachgraben vier Humushorizonte aufgeschlossen, die erkennen lassen, daß vier Katastrophen den Waldboden mit Kalkgeröll überlagert haben und die Besiedlung neu beginnen mußte.

Wird der Boden außerdem noch streugenutzt, so ist zu verstehen, daß die Bodenbildung und Waldentwicklung noch nicht zum Buchenwald, der hier die Schlußgesellschaft ist, gelangen konnte.

Dieser Wald wurde schon lange nicht streugerecht. Dies geht aus dem Zurücktreten der bodensauren Arten hervor, aber auch aus dem Reichtum an Sträuchern, die im wenig geschlossenen Wald gut gedeihen können.

In diesem obersten Humushorizont liegt auch die Erklärung, warum der Unterboden einen besseren Wasserhaushalt besitzt. Hier in diesem Humushorizont hält sich das Regenwasser und bietet tiefwurzelnden Holzarten einen verhältnismäßig guten Wasserhaushalt. Die flachwurzelnde Fichte vermag aber nur dort den Oberboden zu durchwachsen, wo ein verrotteter Wurzelstock die Verbindung herstellt.

Als weiteres Beispiel diene eine *Erica carnea*-Heide, die ich am 30° geneigten Südhang der Gratschenitza südlich Villach in 1140 m Seehöhe auf Schlerndolomitboden untersuchen konnte.

Floristischer Aufbau:

Erica carnea	4.5	*Berberis vulgaris*	+
Arctostaphylos Uva-ursi	1.3	*Sorbus Aria*	+
Polygala Chamaebuxus	1.2	*Thymus „Serpyllum"* s. l.	+
Globularia cordifolia	1.2	*Amelanchier ovalis*	+
Teucrium Chamaedrys	1.2	*Juniperus communis*	+
Carex humilis	1.2	*Lotus corniculatus*	+
Calamagrostis varia	1.2	*Biscutella laevigata*	+
Coronilla vaginalis	1.1	*Leontodon hyoseroides*	+
Platanthera bifolia	1.1	*Buphthalmum salicifolium*	+
Calamintha alpina	+.2	*Picea excelsa*	+°
Campanula caespitosa	+.2	*Pinus silvestris*	+
Fagus silvatica (Ausschlag)	+.2	*Larix decidua*	+
Lathyrus pratensis	+	*Epipactis atrorubens*	+
Peucedanum Oreoselinum	+	*Galium verum*	+
Brachypodium pinnatum	+	*Euphorbia Cyparissias*	+
		Hippocrepis comosa	+

Waldgeschichtliche Untersuchungen zeigen uns, daß die *Erica carnea*-Heide ein Waldverwüstungsstadium eines *Erica carnea*-reichen Rotföhrenwaldes ist und sich wieder zum Rotföhrenwald aufwärts entwickeln wird. Ich stelle sie daher zum

„Pinetum silvestris ericetosum carneae ↘ ERICETUM carneae ↗ Pinetum silvestris".

Bemerkenswert ist ferner, daß dieser *Erica carnea*-reiche Rotföhrenwald ein Bestand ist, welcher sekundär nach einem *Erica carnea*-reichen Rotbuchenausschlagwald im Sinne folgender schematischer Darstellung aufgekommen ist.

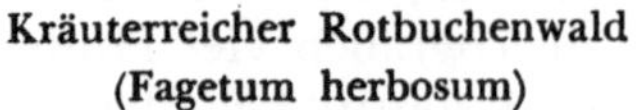

Kräuterreicher Rotbuchenwald
(Fagetum herbosum)

Wiederholter Abhieb
der Rotbuchen
(Ausschlagwald)

Buntreitgras-reicher Rotbuchenausschlagwald
(Fagetum calamagrostidosum variae)

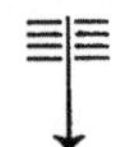

Wiederholter Abhieb
der Rotbuchen
(Ausschlagwald)

Erica carnea-reicher Rotbuchenausschlagwald
(Fagetum ericosum carneae)

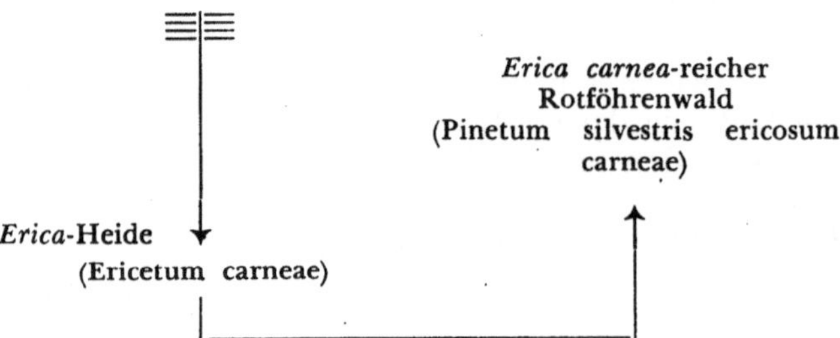

Wiederholter Abhieb
der Rotbuchen
(Ausschlagwald)

Erica carnea-reicher
Rotföhrenwald
(Pinetum silvestris ericosum carneae)

Erica-Heide
(Ericetum carneae)

Wirtschaftliche Folgerungen: Der wiederholte Abhieb des ehemals kräuterreichen Rotbuchenwaldes hat zur Folge, daß von diesem sonnseitig geneigten Steilhang die Feinerde und der Bestandesabfall immer wieder abgewaschen wurden und schließlich die Ausschlagkraft der Rotbuchen nachließ.

Dadurch verlor der Hang ebenso seine wasserhaltende Kraft und seinen Nährstoffhaushalt, wie wenn der Bestandesabfall und die Feinerde durch Streunutzung weggebracht werden. Am sonnigen Steilhang wirkt sich die Entfernung des Bestandesabfalles und der Feinerde noch mehr aus, weil ja die Sonne unter viel steilerem Winkel den Hang trifft und ausbrennt.

Die *Erica*-Heide sollte sofort mit *Pinus silvestris* oder *Pinus nigra* aufgeforstet werden und sollte einen Bodenschutz von Hopfenbuche erhalten. Der Rotbuche ist der Boden noch zu trocken. Erst wenn im Niederwuchs anspruchsvolle krautige Pflanzen erscheinen, kann an einen Unterbau von Rotbuche herangegangen werden.

Eine andere hierher gehörige *Erica carnea*-Heide konnte ich in der Rosengartlschlucht bei Imst in Tirol auf einem steilen Südhang untersuchen.

Floristischer Aufbau:

Erica carnea	4.5	*Epipactis atrorubens*	+
Arctostaphylos Uva-ursi	2.3	*Galium verum*	+
Calamagrostis varia	2.3	*Prunella grandiflora*	+
Amelanchier ovalis	1.2	*Dorycnium germanicum*	+
Cotoneaster tomentosa	1.2	*Asperula cynanchica*	+
Cynanchum Vincetoxicum	1.2	*Scabiosa Columbaria*	+
Sesleria varia	1.2	*Teucrium Chamaedrys*	+
Viburnum Lantana	1.2	*Polygala Chamaebuxus*	+
Achnatherum Calama-		*Euphrasia salisburgensis*	+
grostis	1.2	*Bromus erectus*	+
Molinia arundinacea	1.2	*Ononis spinosa*	+
Anthericum ramosum	1.1	*Goodyera repens*	+
Buphthalmum salicifolium	1.1	*Globularia cordifolia*	+
Rhamnus Frangula	+.2	*Coronilla vaginalis*	+
Teucrium montanum	+.2	*Brachypodium pinnatum*	+
Rhamnus saxatilis	+.2	*Pinus silvestris*	+
Carex humilis	+.2	*Peucedanum Cervaria*	+

Aus vergleichenden Untersuchungen erfahren wir, daß diese *Erica carnea*-Heide ein Waldverwüstungsstadium des Rotföhrenwaldes ist und sich früher oder später wieder in diese Richtung entwickeln wird.

Ich stelle sie daher im Sinne meiner Vegetationsentwicklungstvpen zum Pinetum silvestris ericetosum carneae ⭦ ERICETUM carneae ⭧ Pinetum silvestris.

Der Boden dieser *Erica carnea*-Heide ist überaus wasserdurchlässig und auch durch die sonnige Steilhanglage sehr trocken. Wenn wir die Bewaldung dieser *Erica*-Heide fördern wollen, müssen wir alles unterlassen, was den Wasserhaushalt herabsetzt. Wir dürfen diesem Bestande auf keinen Fall die so wertvollen Sträucher *Amelanchier ovalis, Cotoneaster tomentosa, Viburnum Lantana, Rhamnus saxatilis* wegnehmen. Auf keinen Fall dürfen wir hier die *Erica*-Heide durch Plaggenhieb vernichten und müssen jeden Weideeintrieb unterlassen.

Die Arten *Rhamnus Frangula* und *Molinia arundinacea* verraten uns, daß der Unterboden einen um vieles besseren Wasserhaushalt besitzt als der Oberboden.

Wirtschaftliche Folgerungen: Wenn wir diesen Bestand betrachten, so erkennen wir die starken Einflüsse der Streunutzung, des Kahlschlages, der Weideraubwirtschaft und der Steilhanglage. Gehen die waldverwüstenden Eingriffe so weiter, so verkarsten diese Hänge bis herab zur offenen Zwergseggen-reichen Blaugrashalde.

Die Weidenutzung muß unterbleiben, weil durch sie wertvollste Sträucher und sonstige Pflanzen zurückgedrängt werden und der Boden offen wird.

Die Streunutzung muß auf alle Fälle unterbleiben, weil dadurch der Boden völlig seinen Wasserhaushalt verliert und zuviel organische Substanzen verlorengehen.

Der Kahlschlag muß unterbleiben, weil dadurch der Boden offen wird, der Regen die Feinerde wegschwemmen und die Sonne den Boden ausbrennen kann.

Die Mahd muß unterbleiben, weil dadurch unsere *Erica-carnea*-Heide in einen armseligen Trockenrasen übergeführt werden würde, welcher der Grünlandwirtschaft nicht den geringsten Erfolg einbringen würde.

Daher müssen wir alle diese Eingriffe unterlassen, damit durch die Beschattung der dichten Strauch- und Baumschicht und den Bestandesabfall auch der Oberboden eine wasserhaltende Kraft bekommt und ein zuwachskräftiger Rotföhren-Mischwald heranwachsen kann. Auch die Schwarzföhre würde hier Bestes leisten.

Schließlich konnte ich eine solche sekundäre *Erica carnea*-Heide auf dem $10°$ Nord geneigten westlichen Oschelitzen-Rücken ober Oschelitzenklamm bei Tröpolach im Gailtal in einer Rotföhren-Fichten-Mischwald-Lichtung in 730 m Seehöhe untersuchen.

Floristischer Aufbau:

Erica carnea	4.5	*Corylus Avellana*	+
Vaccinium Myrtillus	2.2	*Sorbus Aria*	+
Vaccinium Vitis-idaea	2.2		
Quercus Robur	1.2	Moose:	
Melampyrum pratense	1.2		
Lycopodium annotinum	1.2	*Pleurozium Schreberi*	3.4
Pteridium aquilinum	1.1	*Rhytidiadelphus tri-*	
Fagus silvatica	+.2	*quetrus*	2.3
Molinia arundinacea	+.2	*Dicranum scoparium*	1.3
Sorbus aucuparia	+	*Hylocomium splendens*	1.2

Aus vergleichenden Untersuchungen geht klar hervor, daß diese *Erica*-Heide ein Waldverwüstungsstadium des Rotföhren-Fichten-Mischwaldes ist und sich wieder über einen Rotföhrenwald zum Rotföhren-Fichten-Mischwald entwickeln würde (Pinetum silvestris piceetosum ericosum carneae ↘ ERICETUM carneae vacciniosum ↗ Pinetum silvestris).

Woher kommt der verhältnismäßig hohe Anteil an azidiphilen Arten (*Vaccinium Myrtillus, Vaccinium Vitis-idaea, Melampyrum pratense, Lycopodium annotinum*)? Durch den Kahlschlag blieb der Bestandesabfall, insbesondere die sauer reagierenden Nadeln von Rotföhre, Fichte und *Erica*, roh liegen und isolierte den darunter liegenden dolomitischen Boden. Auch die Moosschicht spiegelt die mehr oder weniger saure Rohhumusschicht wider. Erst wenn die *Erica*-Heide von Rotföhren-Fichten-Mischwald überdeckt ist, der Boden durch den Bestandesabfall einen besseren Wasserhaushalt bekommt, kann sich Bodenleben einfinden und den Rohhumusboden in einen milden Humusboden überführen. Dann vermögen auch Rotbuche und Tanne aufzukommen und die Waldentwicklung wieder zum Rotbuchen-Tannen-Fichten-Mischwald zu führen. Ich schreibe „wieder", weil wir annehmen müssen, daß unser Boden schon ehemals vom Rotbuchen-Tannenwald besiedelt war. Die Rotbuchen-Ausschläge unserer *Erica*-Heide bestätigen unsere Annahme. Besonders interessant ist auch das Auftreten von *Quercus Robur* und *Melampyrum pratense*, also von Arten, welche geradezu Beziehungen zum Bodensauren Eichenwald erkennen lassen.

Dies erklärt sich folgend: Die *Erica*-Heide liegt in der Mittleren Rotbuchenstufe, also in einer Höhenstufe, in welcher in klimatischer Hinsicht der Eichenmischwald aufkommen könnte. Er konnte es hier aber nicht tun, weil ihm der dolomitische Rohboden nicht zusagt. Erst wenn eine saure Rohhumusschicht sich durch die waldverwüstenden Eingriffe bildet, dann kommt der Bodensaure Eichenwald hier ebenso auf wie in der *Calluna*-Heide dieser Höhenstufe.

Wir wollen nun das Auftreten der anderen Arten in unserer Gesellschaft studieren, um ihre soziologische Stellung kennen zu lernen.

Die M o o s s c h i c h t kennzeichnet den sauren Rohhumus des Oberbodens. *Rhytidiadelphus triquetrus* zeigt uns, daß die wasserhaltende Kraft dieser Bodenstellen so gut ist, daß die Fichte lebenskräftig aufkommen könnte.

Der S p r o s s e n d e B ä r l a p p *(Lycopodium annotinum)* zeigt uns, daß seine Wuchsorte sehr reich an saurem Rohhumus sind. Dieser Bärlapp wird berechtigterweise von vielen als gute Charakterart des Heidelbeer-reichen Fichtenwaldes hinausgestellt. Wenn er nun auch in unserer *Erica carnea*-Heide vorkommt, so zeigt dieses Vorkommen, daß der Sprossende Bärlapp sauren Rohhumusboden bevorzugt. Dabei ist es ganz gleichgiltig, ob der Boden aus klimatischen Gründen in der Nadelwaldstufe versauerte, weil in dieser Stufe infolge Kühle des Klimas und Kürze der Vegetationszeit ein reichliches Bodenleben nicht aufkommen kann, oder ob das Bodenleben durch die waldverwüstenden Eingriffe so gestört wird, daß der Bestandesabfall nicht in milden Humusboden verarbeitet werden kann und roh liegen bleibt.

Der Ausschlag der R o t b u c h e *(Fagus silvatica)* bezeugt, daß hier ehemals die Rotbuche am Bestandesaufbau teilgenommen hat.

Die H a s e l n u ß *(Corylus Avellana)* zeigt uns, daß hier ehemals ein Laubmischwald gestanden ist.

Die E b e r e s c h e *(Sorbus aucuparia)* würde als Vorholz sicherlich Bestes leisten.

Der A d l e r f a r n *(Pteridium aquilinum)* zeigt uns, daß der Wasserhaushalt des Unterbodens örtlich ganz gut ist. Dasselbe gilt vom Pfeifengras *(Molinia arundinacea)*.

Der W i e s e n - W a c h t e l w e i z e n *(Melampyrum pratense)* zeigt uns, daß wir uns im warmen Laubwaldklima befinden und örtlich einen sauren Oberboden antreffen.

Der Ausschlag der S t i e l e i c h e *(Quercus Robur)* bezeugt, daß hier ehemals die Eiche lebenskräftig gewachsen ist, aber durch waldverwüstende Eingriffe zurückgedrängt wurde.

Die H e i d e l b e e r e *(Vaccinium Myrtillus)* und P r e i ß e l b e e r e *(Vaccinium Vitis-idaea)* zeigen uns, daß der Oberboden örtlich saure Rohhumusauflage aufweist. Die Heidelbeere gibt uns außerdem noch den Hinweis, daß der Boden hinreichende winterliche Schneebedeckung besitzt.

E r i c a c a r n e a zeigt uns durch ihr herrschendes Auftreten, daß der Oberboden doch zum Großteil basenreich und trocken ist.

Welche wirtschaftlichen Folgerungen können wir nun aus diesem Aufbau ziehen?

1. Jeder waldverwüstende Eingriff muß unterbleiben.
2. Die *Erica*-Heide ist mit Rotföhre aufzuforsten, da diese Örtlichkeit sehr sonnig gelegen ist.

3. Alle Laubhölzer sind zu begünstigen.
4. Die Fichte kann dort eingebracht werden, wo das Kranzmoos *(Rhytidiadelphus triquetrus)* lebenskräftig den Boden bedeckt.
5. Mit Schließung des Bestandes und Hebung des Wasserhaushaltes muß als Betriebsziel der Rotbuchen-Tannen-Fichten-Mischwald angestrebt werden.

17. Die sekundäre *Erica carnea*-Heide als Verwüstungsstadium des Schwarzföhrenwaldes,

Pinetum nigrae ⭦ ERICETUM carneae.

Als Beispiel diene ein *Erica carnea*-Bestand, den ich am Arnoldsteiner Weg im Aufstieg auf den Dobratsch auf einer 40° nach Süden geneigten Felsbank in 1330 m Seehöhe untersuchen konnte.

Floristischer Aufbau:

Erica carnea	4.5	*Hippocrepis comosa*	+
Amelanchier ovalis	2.1	*Euphrasia tricuspidata*	+
Calamagrostis varia	1.2	*Gypsophila repens*	+
Pinus nigra	1.1	*Lotus corniculatus alpestris*	+
Polygala Chamaebuxus	1.1	*Cytisus hirsutus*	+
Leontodon hispidus	1.1	*Sorbus Aria*	+
Sesleria varia	1.1	*Cynanchum Vincetoxicum*	+
Buphthalmum salicifolium	1.1	*Laserpitium peucedanoides*	+
Ostrya carpinifolia	1.1	*Euphorbia Cyparissias*	+
Cytisus purpureus	1.1	*Campanula caespitosa*	+
Centaurea Scabiosa	1.1	*Fraxinus Ornus*	+
Anthericum ramosum	1.1	*Hieracium glaucum*	+
Scabiosa lucida	1.1	*Teucrium Chamaedrys*	+
Teucrium montanum	+.2	*Helianthemum grandiflorum*	+
Thymus „Serpyllum" s. l.	+.2	*Prunella grandiflora*	+
Leontodon incanus	+		
Stachys recta	+		

Dieser *Erica carnea*-Bestand ist ein Waldverwüstungsstadium des Schwarzföhrenwaldes, denn er siedelt ganz neben einem Schwarzföhrenwald unter sonst gleichen Umweltverhältnissen und besitzt alte vergilbte Wurzelstöcke.

Aus vergleichenden Untersuchungen erfahren wir, daß nach Abhieb des Schwarzföhrenwaldes ein Felsenbirnen-Buschwald, begleitet von *Sorbus Aria* und *Fraxinus Ornus*, die Waldentwicklung zum Schwarzföhrenwald einleitet.

Wir haben also vermutlich eine *Erica carnea*-Heide vor uns, welche ein Waldverwüstungsstadium des *Erica carnea*-reichen Schwarzföhrenwaldes ist und sich über ein Felsenbirn-Buschwald-Stadium wieder zum Schwarzföhrenwald aufwärts entwickelt. Ich stelle daher diese *Erica carnea*-Heide zum

„Pinetum nigrae ericosum carneae ⭦ ERICETUM carneae ⭧ Pinetum nigrae fraxinetosum Orni amelanchierosum ovalis".

Jeder Kahlschlag auf einem solchen Steilhang in freier offener sonniger Lage muß verkarstend wirken.

Der anschließende Schwarzföhren-Bestand zeigt folgenden floristischen Aufbau:

Baumschicht:

Pinus nigra	5.5	*Teucrium montanum*	+.2
Pinus silvestris	+	*Petasites paradoxus*	+.2
		Campanula caespitosa	+.2
Strauchschicht:		*Carex alba*	+.2
Amelanchier ovalis	2.1	*Arctostaphylos Uva-ursi*	+.2
Ostrya carpinifolia	+	*Peucedanum Oreoselinum*	+
Rhamnus saxatilis	+	*Cyclamen europaeum*	+
Picea excelsa	+	*Lotus corniculatus*	+
Viburnum Lantana	+	*Carlina acaulis*	+
		Stachys recta	+
Niederwuchs:		*Euphorbia Cyparissias*	+
		Thesium bavarum	+
Erica carnea	5.4	*Asperula tinctoria*	+
Calamagrostis varia	2.2	*Anemone trifolia*	+
Galium purpureum	2.2	*Leontodon hispidus*	+
Teucrium Chamaedrys	2.1	*Sorbus Aria*	+
Globularia cordifolia	1.2	*Lonicera alpigena*	+
Cynanchum Vincetoxicum	1.1	*Scabiosa lucida*	+
Sesleria varia	1.1	*Leontodon incanus*	+
Buphthalmum salicifolium	1.1	*Carduus* sp.	+
Rubus saxatilis	1.1	*Polygonatum officinale*	+
		Salix Elaeagnos	+

Der floristische Aufbau dieses Schwarzföhrenwaldes läßt erkennen, daß sein Oberboden trotz des 70 Jahre alten Schwarzföhrenwaldes und somit eines langandauernden reichlichen Nadelabfalles noch keine Versauerungserscheinungen zeigt.

Wirtschaftliche Folgerungen: Die Schwarzföhrenwälder dieser Lagen dürfen auf keinen Fall kahlgeschlagen werden.

Alle in der *Erica carnea*-Heide aufkommenden Sträucher sind mit allen Mitteln zu schützen, insbesondere *Fraxinus Ornus, Sorbus Aria, Amelanchier ovalis* und *Pinus nigra*. Die Beweidung darf auf keinen Fall erfolgen, sonst wird die *Erica*-Heide zur Blaugrashalde degradiert.

18. Die sekundäre *Erica carnea*-Heide als Verwüstungsstadium des Zirbenwaldes,

Pinetum Cembrae ↘ ERICETUM carneae.

Einen *Erica carnea*-reichen Zirbenwald untersuchte H u g o B o j k o im Langenthal der Südtiroler Dolomiten auf dem Südwesthang der Stevia-Alpe (Schuatsch-Alpe) südwestlich der Kote 2262 auf einem 30° SW-Hang in 2020 m Seehöhe auf Schlerndolomitschutt.

Floristischer Aufbau:

Baumschicht:

Pinus Cembra	4	*Sesleria varia*	2.1
Picea excelsa	3	*Galium pumilum*	1
		Biscutella laevigata	1
		Ranunculus hybridus	1

Strauchschicht:

Juniperus sibirica
(= *J. nana*) 4.5

Clematis alpina +

Zwergstrauchschicht:

Erica carnea 2.2
Daphne striata +
Polygala Chamaebuxus +
Salix alpina (= *S. Jacquini*) +
Arctostaphylos Uva-ursi +

Krautschicht:

Globularia cordifolia 2.2
Dryas octopetala 2.2

Gentiana Clusii 1
Galium anisophyllum +
Lotus corniculatus +
Helianthemum alpestre +
Horminum pyrenaicum +
Aster alpinus +
Achillea oxyloba +
Juncus monanthos +
Betonica divulsa
(= *Stachys Jacquini*) +

Moosschicht:

Cetraria islandica +
Cladonia rangiferina +
Tortella tortuosa +

H. B o j k o zeigt auf, daß *Pinus Cembra* innerhalb des ganzen Tales verbreitet ist, aber als mehr oder weniger geschlossener Bestand nur in wenigen Fragmenten auftritt und kommt auf Grund pflanzensoziologischer und historischer Untersuchungen zur Überzeugung, daß die Zirbenwälder früher eine viel größere Verbreitung hatten, aber von Fichtenwäldern abgelöst wurden.

Im Sinne dieser Überlegungen komme ich zur Ansicht, daß dieser Zirbenwald in der sekundären *Erica carnea*-Heide aufgekommen ist und sich früher oder später bei pfleglicher Wirtschaft zum Fichtenwald entwickelt.

Ich stelle ihn daher im Sinne meiner Vegetationsentwicklungstypen zum „Ericetum carneae sec. ⁄ PINETUM Cembrae piceetosum juniperosum nanae ⁄ Piceetum".

Wie weit dieser Wald seinen *Juniperus nana*-Reichtum der Weideraubwirtschaft verdankt, entzieht sich meinem Wissen.

Wird nun dieser Wald niedergeschlagen, so geht *Juniperus* auf diesem sonnigen Steilhang zurück und es breitet sich *Erica carnea* herrschend aus.

Wir haben also dann eine *Erica carnea*-Heide vor uns, die als Waldverwüstungsstadium obigen Waldes zu betrachten ist. Diese *Erica carnea*-Heide wäre im Sinne meiner Vegetationsentwicklungstypen zum „Pinetum Cembrae piceetosum juniperosum nanae ericosum carneae ⟍ ERICETUM carneae ⁄ Pinetum Cembrae" zu stellen.

Die Fichte würde allerdings ihre Lebenskraft verlieren und könnte die Konkurrenz der Zirbe nicht ertragen. Erst in vielen Jahrzehnten, wenn sich der aufkommende junge Zirbenwald in der *Erica carnea*-Heide durchgesetzt und sich geschlossen hat, wird die Fichte im Kronenschutz sich einfinden können.

Die Vegetationsentwicklung verläuft also, schematisch dargestellt, folgend:

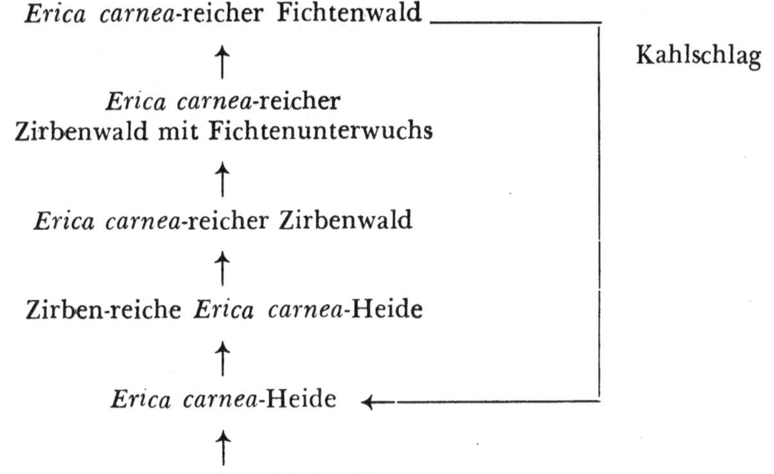

An Stelle des *Dryas*-Initialstadiums können natürlich auch andere Initialstadien treten.

Eine *Erica carnea*-Heide als Waldverwüstungsstadium des Fichtenwaldes wird auf Seite 112--114 besprochen.

19. Die sekundäre *Erica carnea*-Heide als Verwüstungsstadium des Lärchenwaldes,

Laricetum deciduae ↘ ERICETUM carneae.

Zur Erläuterung diene eine, von der Besenheide, Preißelbeere und Heidelbeere begleitete *Erica carnea*-Heide, die ich auf einem 30° geneigten Nordhang auf dolomitischem Fels in der Oschelitzenklamm bei Tröpolach im Gailtal in 720 m Seehöhe untersuchen konnte.

Floristischer Aufbau:

Erica carnea	5.5	*Calamagrostis varia*	+
Calluna vulgaris	2.3	*Homogyne alpina*	+
Rhododendron hirsutum	2.2	*Aster Bellidiastrum*	+
Vaccinium Vitis-idaea	2.2	*Majanthemum bifolium*	+
Vaccinium Myrtillus	+.2°	*Hieracium silvaticum*	+
Polygala Chamaebuxus	1.2	*Pirola rotundifolia*	+
Larix decidua	1.1	*Pirola secunda*	+
Fagus silvatica	+.2		
Anemone trifolia	+.2	**Moose:**	
Rhodothamnus Chamae-			
cistus	+.2	*Dicranum scoparium*	3.3
		Hylocomium splendens	2.2

Rhytidiadelphus tri-		*Pseudoscleropodium*	
quetrus	2.2	*purum*	1.2

Die *Erica* beherrscht die Zwergstrauchschicht. Wie ist es nun möglich, daß neben den basiphilen Arten *Erica carnea, Rhododendron hirsutum, Rhodothamnus Chamaecistus, Polygala Chamaebuxus, Calamagrostis varia, Aster Bellidiastrum, Pirola rotundifolia* so viele azidiphile Arten wie *Calluna vulgaris, Vaccinium Vitis-idaea, Vaccinium Myrtillus, Homogyne alpina* und *Pirola secunda* wachsen?

Die Erklärung ist nicht schwer, denn wir können aus den verschiedenen Waldmosaiken die Entstehung rekonstruieren. Die windausgesetzte Örtlichkeit, wo jetzt die Heide wächst, war ehemals vom kräuterreichen Rotbuchen-Tannen-Fichten-Mischwald besiedelt.

Dieser wurde immer wieder niedergeschlagen und die Feinerde abgeschwemmt. Damit verloren die krautigen Pflanzen ihre Lebenskraft, weil da und dort die Feinerde bis auf den basischen Untergrund abgeschwemmt wurde. So stellten sich auf den Bodenstellen, wo sich der saure Rohhumus halten konnte, die Heidelbeere und dort, wo der offene dolomitische Boden zutage trat, die Wimper- und Zwergalpenrose ein. Durch die offene freie bodentrockene Rückenlage bedingt, gesellten sich auf dem Rohhumusboden die Besenheide und Preißelbeere mit ihren azidiphilen Begleitern zur Heidelbeere und dort, wo sich zuerst die Wimperalpenrose ausbreitete, gesellten sich die *Erica carnea* mit ihren Begleitern hinzu. Schließlich setzte sich sekundär die Lärche durch und es kam zum *Erica carnea*-reichen Lärchenwald, nach dessen Abhieb wir obige *Erica carnea*-Heide erhielten.

Wir haben also eine sekundäre *Erica carnea*-Heide vor uns, welche sich aus dem Wimperalpenrosen-reichen Lärchenwald entwickelt hat und früher oder später wieder vom Lärchenwald besiedelt werden wird (Laricetum rhodoretosum hirsuti myrtillosum ↖ ERICETUM carneae callunosum ↗ Laricetum). Nach Abhieb der Lärchen wurde durch die Freilage die Ausbreitung der *Erica*-Heide begünstigt.

W i r t s c h a f t l i c h e   F o l g e r u n g e n : Die windausgesetzte Steilhanglage neigt sehr zur Bodenaushagerung. Jeder Kahlschlag muß die Feinerde abschwemmen, wegblasen und den Boden aushagern. Daher hätte dieser Rotbuchenmischwald auf keinen Fall kahlgeschlagen werden dürfen.

Wenn wir nun den Wald aufbringen wollen, so müssen wir die einzelnen Bodenmosaike für sich betrachten und

1. das Aufkommen der Lärche auf der ganzen Fläche begünstigen;
2. die Fichte dort einbringen, wo das Kranzmoos *(Rhytidiadelphus triquetrus), Vaccinium Myrtillus, Homogyne alpina* und *Majanthemum bifolium* einen besseren Wasserhaushalt erkennen lassen;
3. die Rotbuche dort einbringen, wo *Anemone trifolia, Hieracium silvaticum* auch besseren Nährstoffhaushalt erkennen lassen.

Wir müssen auf diese Weise einen Hochwald anstreben, dessen obere Baumschicht die Lärche, dessen untere Baumschicht die Fichte und dessen unterste Baumschicht die Rotbuche einnimmt.

Und nun wollen wir einen Lärchenwald ansehen, der nebenan auf einer 30° nordgeneigten Rippe wächst, um aus diesem Aufbau unsere Schlüsse für die *Erica carnea*-Heide zu ziehen.

Floristischer Aufbau:

Baumschicht:

Larix decidua	5.5	
Picea excelsa	1.1	
Fagus silvatica	+⁰	

Strauchschicht:

Amelanchier ovalis	1.1
Sorbus Aria	1.1
Sorbus aucuparia	+
Picea excelsa	+⁰
Ostrya carpinifolia	+
Cotoneaster tomentosa	+
Lonicera Xylosteum	+

Niederwuchs:

Erica carnea	5.5
Polygala Chamaebuxus	·2.2
Vaccinium Myrtillus	2.2
Vaccinium Vitis-idaea	1.2

Juniperus communis	1.2
Calamagrostis varia	1.2
Valeriana montana	1.2
Rhododendron hirsutum	+.2
Sorbus aucuparia	+
Melampyrum silvaticum	+
Solidago Virgaurea	+
Hepatica nobilis	+
Rubus saxatilis	+
Viola biflora	+⁰
Hieracium silvaticum	+⁰

Moose:

Pleurozium Schreberi	2.2
Rhytidiadelphus trique-trus	1.4
Pseudoscleropodium purum	1.4
Dicranum scoparium	1.3
Hylocomium splendens	1.2
Ctenidium molluscum	+.3

Wir haben hier auf dem windausgesetzten steilgeneigten Grat einen *Erica carnea*-reichen Lärchenwald, der sekundär in der *Erica*-Heide aufgekommen ist.

Die *Calluna* fehlt, weil sie die Beschattung der Baum- und Strauchschicht trotz des mosaikartig sauren Bodens nicht so gut ertragen kann wie die Heidelbeere. Wird dieser Lärchenwald niedergeschlagen, so verliert die Heidelbeere ihre Lebenskraft und es breitet sich die *Calluna*-Heide aus. Wird sie pfleglich bewirtschaftet, so entwickelt sie sich zum Lärchen-Fichten-Rotbuchen-Mischwald.

Wir ersehen also, daß sich am bodentrockenen Rücken durch die waldverwüstenden Eingriffe Rohhumus bildet und sich Rohhumuspflanzen ausbreiten. Einem anderen *Erica carnea*-reichen Lärchenwald derselben Örtlichkeit, in einer nordgeneigten, steilen, meist trockenen Rinne gelegen, fehlen im Unterwuchs trotz waldverwüstender Eingriffe die azidiphilen Rohhumuspflanzen. Dies erklärt sich daraus, daß bei Regen dieser Bestand alkalisch berieselt und damit der Rohhumusbildung entgegengewirkt wird.

Der floristische Aufbau eines solchen Lärchenwaldes gibt folgendes Bild:

Baumschicht:

Larix decidua	5.5

Strauchschicht:

Picea excelsa	1.1
Ostrya carpinifolia	1.1
Salix appendiculata (= S. grandifolia)	1.1

Pinus silvestris	+
Abies alba	+

Niederwuchs:

Erica carnea	4.5
Rhodothamnus Chamae-cistus	3.2

			Moose:	
Rhododendron hirsutum	1.2			
Polygala Chamaebuxus	+.2			
Goodyera repens	+.2	*Rhytidiadelphus tri-*	
Calamagrostis varia	+	quetrus	3.5
Pirola rotundifolia	+	*Hylocomium splendens*	2.5
Aster Bellidiastrum	+	*Ctenidium molluscum*	1.5
Valeriana saxatilis	+	*Dicranum scoparium*	1.4
Campanula caespitosa	+		
Hieracium silvaticum	+		

Wird dieser Lärchenwald der Rinne niedergeschlagen, so kommt es ebenso zu einer *Erica carnea*-Heide, nicht aber zu einer, welche in Beziehung zur Heidelbeer-Heide bzw. *Calluna*-Heide steht, sondern in diesem Falle zu einer *Erica*-Heide, die in Beziehung zur Zwergalpenrose steht (Laricetum ericosum carneae ↘ ERICETUM rhodothamnetosum Chamaecisti ↗ Laricetum).

Die *Erica carnea*-Heide bleibt hier besonders darum erhalten, weil sich die Feinerde auf diesen Steilhängen nicht hält und immer vom Regen abgeschwemmt wird, und auch darum, weil sich hier der Schnee nicht hält und daher die schneeschutzbedürftigere Wimperalpenrose keine Lebensmöglichkeiten findet.

Fassen wir zusammen:

1. Dieses Gebiet liegt im Klimagebiet des Rotbuchen-Tannen-Fichten-Mischwaldes.
2. Die Lärchenbestände und *Erica*-Heiden sind Waldverwüstungsstadien.
3. Die azidiphilen Zwergsträucher sind Ausdruck einer Bodenverhagerung, denn es ist schließlich gleichgültig, ob der Bestandesabfall durch Streunutzung oder infolge steiler Hanglage vom Wind und Regen weggenommen wird.
4. In den Rinnen mit alkalischer Berieselung bzw. Besprühung kommt es nicht zu starker Rohhumusbildung und damit zum Nichtaufkommen azidiphiler Zwergsträucher.
5. Durch pflegliche Wirtschaft, d. h. wenn wir dem Boden Ruhe geben, kommt es ganz von selbst über einen Lärchenwald, Lärchen-Fichten-Mischwald, Lärchen-Fichten-Rotbuchen-Mischwald zum Rotbuchen-Tannen-Fichten-Mischwald.

Eine andere hierher gehörige *Erica carnea*-Heide untersuchte ich am 35° nach Westen geneigten Hang ober Freibach, am Westhang des Obir, in 780 m Seehöhe.

Floristischer Aufbau:

Erica carnea	4.3	*Polygala Chamaebuxus*	1.1
Calamagrostis varia	2.1	*Picea excelsa* (4 m hoch)	1.1
Vaccinium Vitis-idaea	1.2	*Rhododendron hirsutum*	+.2
Potentilla erecta	1.1	*Sesleria varia*	+
Lastrea obtusifolia (= *Dry-*		*Thymus „Serpyllum"*	+
opteris Robertiana)	1.1	*Anemone trifolia*	+

Valeriana tripteris	+	*Salix appendiculata*	
Galium vernum	+	*(= S. grandifolia)*	+
Cirsium Erisithales	+	*Cynanchum Vincetoxicum*	+
Laserpitium peucedanoides	+	*Larix decidua*	+
Cyclamen europaeum	+	*Hepatica nobilis*	+
Scabiosa lucida	+	*Thesium alpinum*	+
Betonica divulsa			
(= Stachys Jacquinii)	+	**Moosschicht:**	
Campanula caespitosa	+	*Pleurozium Schreberi*	+.2
Galium anisophyllum	+	*Hylocomium splendens*	+.2
Teucrium montanum	+	*Tortella tortuosa*	+

Aus vergleichenden Untersuchungen erfahren wir, daß unsere *Erica*-Heide ein Waldverwüstungsstadium eines *Erica*-reichen schütteren Lärchen-Fichten-Mischwaldes ist, welcher an begünstigten Bodenstellen schon anspruchsvollen Kräutern Lebensmöglichkeiten bot. Der Lärchenwald mit Fichtenunterwuchs wurde am steilen Schuttkegelhang niedergeschlagen und anschließend durch Schafe und Ziegen beweidet.

Dadurch wurde der Boden durch Weidetritte (besonders bei nassem Wetter) so geöffnet, daß die Feinerde durch Wassererosion fast ganz abgeschwemmt werden konnte und der darunter liegende Kalkgeröllboden teilweise zutage tritt.

So ist es zu verstehen, daß neben den bodensauren Rohhumuspflanzen (*Vaccinium Vitis-idaea, Pleurozium Schreberi, Hylocomium splendens*), welche auf den in Verrottung begriffenen Wurzelstöcken siedeln, auch krautige Pflanzen (*Anemone trifolia, Valeriana tripteris, Galium vernum*) siedeln und daß den aufgerissenen Boden eine ganze Reihe von Pionierpflanzen der benachbarten Blaugrashalde neu besiedeln.

Die *Erica carnea*-Heide hat durch die Freistellung wieder beste Lebenskraft bekommen und ist in Ausbreitung begriffen, während die vereinzelten 5 m hohen Fichten als Reste des ehemaligen Fichten-Zwischenbestandes anzusehen sind.

Leider bleibt auch hier die Waldverwüstung nicht stehen, sondern führt, wie aus dem benachbarten Blaugrashaldebestand, dessen Boden noch vor 20 Jahren ebenfalls bewaldet war, zu ersehen ist, gleichfalls zur Blaugrashalde.

Wir haben also im Sinne meiner Vegetationsentwicklungstypen einen sekundären *Erica carnea*-Heidebestand vor uns, der als Waldverwüstungsstadium eines *Erica carnea*-reichen Lärchenwaldes mit Fichtenunterwuchs anzusehen ist und sich gewissermaßen in Rückzugsgefechten am Wege zur Blaugrashalde befindet. Ich stelle sie daher zum

„Laricetum deciduae piceetosum ericosum carneae ↘ ERICETUM carneae ↘ Seslerietum variae".

Daraus ersehen wir, welch verheerende Folgen am sonnigen Geröllsteilhang ein unbedachter Kahlschlag haben kann. Es ist aber noch gar nicht vorauszusehen, wohin dieser Weg der Waldverwüstung führen wird, wenn die Hangsohle des am Ufer des Freibaches aufliegenden Schuttkegels unterwaschen werden würde. Dann gibt es keinen Halt mehr und die letzte Pionierpflanze muß den Boden verlassen.

Diese benachbarte Blaugrashalde zeigt auf 40° geneigtem SSW-Hang in 800 m Seehöhe folgenden floristischen Aufbau:

Sesleria varia	4.3	*Betonica divulsa*	+
Hippocrepis comosa	1.2	*Gentiana Clusii*	+
Allium ochroleucum	1.1	*Galium anisophyllum*	+
Thymus ovatus	1.1	*Euphrasia salisburgensis*	+
Asperula aristata	1.1	*Globularia cordifolia*	+.2
Dianthus silvester	1.1	*Carex mucronata*	+.2
Silene Hayekiana	+.2	*Primula Auricula*	+
Erica carnea	+.2	*Campanula caespitosa*	+
Helianthemum grandi-		*Calamagrostis varia*	+
florum	+	*Stachys recta*	+
Anthyllis alpicola	+	*Athamanta cretensis*	+
Scabiosa lucida	+	*Arctostaphylos Uva-ursi*	+

Diese Blaugrashalde ist, wie klar belegt werden kann, ebenfalls ein Waldverwüstungsstadium. Der Wald wurde geschlagen, der Boden beweidet und Feinerde wurde weggeschwemmt, so daß die neue Besiedlung wieder mit Pionierpflanzen erfolgen muß.

Wirtschaftliche Folgerungen: Die waldverwüstenden Eingriffe wie Kahlschlag und Weideraubwirtschaft müssen auf solchen Böden unter allen Umständen unterbleiben, weil wir sonst das ehemalige Waldgebiet verkarsten und die Vegetation der alpinen Stufe in die Laubwaldstufe herabdrücken.

Wenn wir nun unsere *Erica carnea*-Heide wieder bewalden wollen, so werden wir dieses Ziel wohl am besten mit der Lärche erreichen. Und zwar mit Lärche darum, weil die Lärche in diesem luftfeuchten Freibachgraben-Gebiet den winterlichen Schneeschub viel besser ertragen kann als die Rotföhre. Dazu kommt, daß die Lärche mit ihren Wurzeln sehr bald in feuchte luftreiche Bodenschichten eindringen und rasch heranwachsen kann. Für die Anforstung sind vor allem die Örtlichkeiten mit besseren Bodenverhältnissen und geringerem Schneeschub auszunützen.

Schließlich konnte ich eine solche *Erica carnea*-Heide auf den grasigen 45° geneigten Südhängen der Zunderwand ober der Erlacheralmhütte ob Radenthein in Kärnten in 2070 m Seehöhe untersuchen.

Floristischer Aufbau:

Erica carnea	4.3	*Pedicularis rosea*	1.1
Sesleria varia	3.3	*Carex mucronata*	+.2
Carex sempervirens	2.2	*Helianthemum alpestre*	+.2
Valeriana saxatilis	1.2	*Salix dubia (arbutifolia)*	+.2
Helianthemum grandi-		*Carex firma*	+.2
florum	1.2	*Thymus „Serpyllum"*	+.2
Juncus trifidus	1.2	*Rhododendron hirsutum*	+.2
Phyteuma orbiculare	1.1	*Salix retusa*	+.2
Scabiosa Columbaria	1.1	*Calamagrostis varia*	+.2
Festuca rubra	1.1	*Elyna myosuroides*	+.2

Bartschia alpina	+	*Galium pumilum*	+
Parnassia palustris	+	*Festuca violacea*	+
Ranunculus hybridus	+	*Carex ornithopoda*	+
Euphrasia salisburgensis	+	*Heliosperma alpestre*	+
Gentiana campestris	+	*Campanula Scheuchzeri*	+
Dianthus superbus	+	*Coeloglossum viride*	+
Anthyllis alpicola	+	*Pedicularis verticillata*	+
Biscutella laevigata	+		

Aus dem floristischen Aufbau geht klar hervor, daß diese *Erica carnea*-Heide sehr enge Beziehungen zur Blaugrashalde (Seslerietum variae) besitzt und vermutlich ein Waldverwüstungsstadium ist.

Die Annahme, daß wir es mit einem Waldverwüstungsstadium zu tun haben, wird dadurch bestärkt, daß auf diesem Steilhang alte Leichen ehemaliger Bäume herumliegen und der Boden da und dort Rohhumusstellen aufweist, in denen azidiphile Arten wachsen, z. B. *Juncus trifidus*.

Dazu kommt, daß *Erica carnea*-Heiden, in denen die *Erica* so herrschend hervortritt, meist Waldverwüstungsstadien sind. Wenn andererseits aufgezeigt wird, daß die Bodenversauerung auch klimatische Ursachen haben könne, so muß dagegen bemerkt werden, daß eine klimatisch bedingte Bodenversauerung auf diesem sonnig gelegenen Steilhang mit der alkalischen Berieselung von oben nicht in Frage kommen kann.

Wir haben vermutlich einen *Erica carnea*-Bestand vor uns, der ein Waldverwüstungsstadium des *Rhododendron hirsutum*-reichen Lärchenwaldes ist und durch den ungeregelten Weidebetrieb zur Blaugrashalde degradiert wird.

Laricetum rhodoretosum hirsuti ↘ Rhodoretum hirsuti ↘ Ericetum carneae ↘ Seslerietum variae ↘ Firmetum.

Die Vegetationsentwicklung vom Wimperalpenrosen-Bestand zur *Erica*-Heide wird dadurch verständlich, daß die Wimperalpenrosen-Heide nur im Schutze des Waldes den sonnigen Steilhang besiedeln kann, aber sofort an Lebenskraft verliert und von der *Erica* zurückgedrängt wird, wenn sie freigestellt wird.

Im Sinne meiner Vegetationsentwicklungstypen haben wir also vor uns ein Rhodoretum hirsuti ericosum carneae ↘ ERICETUM carneae sesleriosum variae ↘ Seslerietum variae caricosum firmae.

Unser Ericetum carneae steht dem Seslerietum variae schon viel näher als dem Rhodoretum hirsuti, von dem nur *Rhododendron hirsutum* noch vorhanden ist.

Ich vermute, daß neben *Juncus trifidus* auch *Festuca rubra, Elyna myosuroides, Dianthus superbus* und *Campanula Scheuchzeri* als neutro-azidiphile Arten im mehr oder weniger sauren Humus des ehemaligen Waldes siedeln.

Wirtschaftliche Folgerungen: Aus Obigem geht hervor, daß unsere *Erica*-Heide ein Waldverwüstungsstadium ist und die große Gefahr besteht, daß es zur Blaugrashalde bzw. zum Polsterseggenrasen degradiert wird, wenn der ungeregelte Weidebetrieb durch Schafe und Ziegen weiter anhält.

Daher ist der Weidegang auf diesen steil geneigten Südhängen unter allen Umständen abzustellen, zumal, da schon viele Arten der Blaugrashalde und des Polsterseggenrasens sich eingefunden haben.

20. Die sekundäre *Erica carnea*-Heide als Verwüstungsstadium des Fichtenwaldes,

Piceetum excelsae ∖ ERICETUM carneae.

Einen solchen *Erica carnea*-reichen Fichtenwald untersuchte Hugo
Bojko im Langental auf der rechten Talseite, 800 m östlich Kote 1806,
auf einem 10° geneigten SSO-Hang auf rezenten Schuttbildungen der Schlern-
dolomitwände in 1780 m Seehöhe.

Floristischer Aufbau:

Baumschicht:			
Picea excelsa	5.5	*Antennaria dioica*	+
		Biscutella laevigata	+
Strauchschicht:		*Hieracium Pilosella*	+
		Prunella vulgaris	+
Erica carnea	5.5	*Athamanta cretensis*	+
Globularia cordifolia	2.2	*Hieracium staticefolium*	+
Daphne striata	+	*Hieracium bifidum*	+
Polygala Chamaebuxus	+	*Hieracium Morisianum*	+
		Ranunculus hybridus	+
		Hepatica nobilis	+
Krautschicht:		*Gentiana anisodonta*	+
		Carex montana	+
Hippocrepis comosa	2.2	*Hieracium silvaticum*	+
Horminum pyrenaicum	2.2	*Monotropa Hypopitys*	+
Sesleria varia	1	*Thesium alpinum*	+
Carduus rhaeticus	+	*Tofieldia calyculata*	+
Gentiana Clusii	+	*Valeriana montana*	+
Helianthemum alpestre	+	*Aster Bellidiastrum*	+

Wird dieser *Erica carnea*-reiche Fichtenwald niedergeschlagen, so wird er
im Sinne der schematischen Darstellung auf Seite 105 zur *Erica carnea*-Heide
degradiert. In der *Erica carnea*-Heide kommt dann nicht die Fichte, sondern
die Zirbe sekundär auf. Demnach stelle ich diese *Erica carnea*-Heide zum
„Piceetum ericosum carneae ∖ ERICETUM carneae ⁄ Pinetum Cembrae".

Hierher gehört auch eine *Erica carnea*-Heide, welche ich auf einem 20°
nach Osten geneigten Hang am Wege von der Erlacherhütte ob Radenthein
in Kärnten im Schuß in 1800 m Seehöhe untersuchen konnte.

Floristischer Aufbau	im Jahre 1939	im Jahre 1942
Erica carnea	4.3	5.5
Vaccinium Vitis-idaea	2.2	4.2
Homogyne alpina	2.2	+.2
Vaccinium Myrtillus	1.2	+°
Veronica latifolia	1.2	+°
Hepatica nobilis	1.1	+°
Sesleria varia	1.1	2.2
Clematis alpina	1.1	+
Luzula albida	+	1.2°

Floristischer Aufbau	im Jahre 1939	im Jahre 1942
Adenostyles glabra	+	+⁰
Ranunculus montanus	+	
Hieracium silvaticum	+	
Melampyrum silvaticum	+	
Geranium silvaticum	+	
Viola biflora	+	
Knautia silvatica	+	
Potentilla erecta		1.1
Larix decidua		1.1
Senecio abrotanifolius		+
Carduus defloratus		+
M o o s e :		
Rhytidiadelphus triquetrus	5.5	1.1⁰
Hylocomium splendens	1.1	1.2

Aus Untersuchungen erfahren wir, daß unsere *Erica carnea*-Heide ein Waldverwüstungsstadium eines durchlichteten Lärchen-Fichten-Mischwaldes ist und durch viele Jahrzehnte ungeregelt beweidet wurde.

Der basische Boden bringt es mit sich, daß die azidiphilen Arten unserer *Erica carnea*-Heide insbesondere auf dem Rohhumusboden wachsen, welcher den flach dahinstreichenden Fichtenwurzeln auflagert. Es sind dies in erster Linie die Heidelbeere *(Vaccinium Myrtillus)*, die Preißelbeere *(Vaccinium Vitis-idaea)*, der Alpen-Brandlattich *(Homogyne alpina)*, der Wald-Wachtelweizen *(Melampyrum silvaticum)*, die Weißliche Hainsimse *(Luzula albida)*, die Blutwurz *(Potentilla erecta)* und die Moose.

Dort aber, wo der Kalkboden durch den Weidetritt, die Erosion herabstürzenden Regenwassers oder durch Windwurf offen wurde, dort siedeln sich als Pioniere insbesondere das Blaugras *(Sesleria varia)*, die Alpen-Distel *(Carduus defloratus)* und *Senecio abrotanifolius* an.

Wie ist es möglich, daß die *Erica carnea* einen so großen Raum einnimmt? Die Erklärung ist nicht schwer; denn wenn wir die benachbarten Fichtenbestände untersuchen, so ersehen wir, daß diese Fichtenbestände kräuterreich sind und einen sehr leicht abschwemmbaren milden Humus besitzen.

Wird nun am Steilhang der Fichtenwald kahlgeschlagen, so wird der lockere fein zerteilte Humusboden abgeschwemmt und die *Erica* breitet sich nun auf dem trocken gewordenen Kalkboden sekundär aus.

Die anspruchsvollen Kräuter unserer *Erica*-Heide sind nun als Reste des kräuterreichen Fichtenwaldes zu betrachten; so insbesondere *Hieracium silvaticum, Veronica latifolia, Geranium silvaticum, Knautia silvatica.* Diese Kräuter sind im Hinblick auf den Wasserhaushalt anspruchsvoll und können sich nach Kahlschlag nur dort halten, wo ihnen lokal ein besserer Wasserhaushalt zur Verfügung steht.

Wir haben hier denselben Fleck im Jahre 1939 und im Jahre 1942 untersucht und ersehen aus dieser Gegenüberstellung, daß die basiphilen Arten *Erica carnea* und *Sesleria varia* ebenso an Boden gewonnen haben wie die azidiphilen Arten *Vaccinium Vitis-idaea* und *Luzula albida*, während *Vaccinium Myrtillus, Homogyne alpina* und das Kranzmoos, *Rhytidiadelphus triquetrus,* an Boden verloren haben.

Die Erklärung liegt darin, daß durch den Kahlschlag der Boden besonnt
und ausgehagert wurde, d. h. seinen mehr oder weniger günstigen Wasserhaushalt verloren hat. Damit haben sich die *Erica carnea* und *Sesleria varia* auf
offenem Kalkboden ebenso ausgebreitet wie *Vaccinium Vitis-idaea* und *Luzula
albida* auf Rohhumusboden. Die Rohhumuspflanzen, welche im Hinblick auf
die Wasserversorgung schon anspruchsvoller sind, wie *Vaccinium Myrtillus,
Homogyne alpina* und *Rhytidiadelphus triquetrus*, haben ihre Lebenskraft
durch die plötzliche Freistellung verloren und befinden sich im Rückzug.

Wie man aus der Aufnahme aus dem Jahre 1942 ersehen kann, ist auch
die Lärche im Kommen und wird voraussichtlich die *Erica*-Heide bewalden.
Wir haben also eine *Erica carnea*-Heide vor uns, welche ein Waldverwüstungsstadium des Lärchen-Fichtenwaldes ist und sich früher oder später wieder zum
Lärchenwald entwickeln würde (Lariceto-Piceetum herbosum ↘ ERICETUM
carneae vacciniosum ↗ Laricetum).

Welche wirtschaftlichen Folgerungen können wir nun daraus ziehen?

1. Solche Steilhänge dürfen weder kahlgeschlagen noch ungeregelt beweidet
   werden.
2. Die Wiederbewaldung hat von den Bodenstellen mit günstigeren Lebensbedingungen auszugehen und es soll vor allem der Lärche der Vorzug ein-
   geräumt werden.
3. Die Ordnung von Wald und Weide hat hier einen stufig aufgebauten
   Plenterwald mit Lärche im Oberholz anzustreben.
4. Die geregelte Weide ist auf den flacher geneigten, sonnigen Böden ein-
   zurichten.

Aus vergleichenden Untersuchungen erfahren wir, daß hier die Schlußgesellschaft ein hochstaudenreicher Lärchen-Fichtenwald (Lariceto-Piceetum
altherbosum) sein würde.

2 1. D i e s e k u n d ä r e *E r i c a c a r n e a* - H e i d e a l s V e r w ü s t u n g s -
s t a d i u m d e s K a h l w e i d e n - B e s t a n d e s,

Salicetum glabrae ↘ ERICETUM carneae.

Als Beispiel einer solchen *Erica carnea*-Heide bringe ich eine Aufnahme
von der Oberen Schwiegnitz unterhalb Goliza, ober Rosenbach in den Karawanken, in 1320 m Seehöhe von einem 20° West geneigten Schuttmantel.

F l o r i s t i s c h e r A u f b a u :

Erica carnea	4.5	*Sorbus Chamaemespilus*	1.2
Salix glabra	2.3	*Adenostyles glabra*	1.2
Rhododendron hirsutum	2.2	*Juniperus sibirica*	1.2
Silene Willdenowii	2.2	*Lastrea obtusifolia (= Dry-*	
Petasites paradoxus	2.2	*opteris Robertiana)*	1.2
Rumex scutatus	1.2	*Dryas octopetala*	+.2
Daphne striata	1.2	*Athamanta cretensis*	+.2
Scrophularia Hoppei	1.2	*Poa minor*	+.2

114

Pirola rotundifolia	+.2	*Heliosperma alpestre*	+
Calamagrostis varia	+	*Silene Hayekiana*	+
Biscutella laevigata	+	*Polystichum Lonchitis*	+

Es handelt sich hier um einen *Erica carnea*-Bestand, der sich nur darum hält, weil die weideberechtigten Bauern im Interesse der Weidenutzung die aufkommenden Sträucher immer wieder wegschlagen.

Dies ist natürlich ein Unfug; denn durch den Abhieb der aufkommenden Sträucher wird die Wiederbewaldung verhindert und durch den Wegfall eines reichlichen Bestandesabfalles wird die Hebung der Bodengüte unterbunden. Wie erfolgte eigentlich der Aufbau dieses Bestandes?

Aus vergleichenden Untersuchungen erfahren wir, daß das bewegliche Geröll vorerst von einer *Petasites paradoxus*-Gesellschaft besiedelt wird, in welcher insbesondere *Petasites paradoxus, Silene Willdenowii, Rumex scutatus, Scrophularia Hoppei, Poa minor, Lastrea obtusifolia, Adenostyles glabra* schuttfestigend wirken. Hier hinein kommen *Salix glabra, Erica carnea, Rhododendron hirsutum, Rhodothamnus Chamaecistus, Daphne striata, Sorbus Chamaemespilus, Juniperus sibirica* (= *J. nana*) und schließlich *Pinus Mugo*.

Hier greift aber die Weideraubwirtschaft ein und es werden immer wieder die aufkommenden Sträucher geschwendet. Von diesen Sträuchern erträgt *Salix glabra* am allerbesten den immerwährenden Abhieb und gewinnt gegenüber den anderen die Vorherrschaft. Wird dann der Weidenbusch von *Salix glabra* in der so sonnigen Lage niedergeschlagen, so verbleibt als Verwüstungsstadium die *Erica carnea*-Heide. Diese stelle ich nun zum

„Salicetum glabrae ⬉ ERICETUM carneae petasitetosum paradoxi ⬈
Pinetum Mugi salicetosum glabrae“,

also zur *Erica carnea*-Heide, welche ein Verwüstungsstadium des Salicetum glabrae ist und sich früher oder später, bei Ausschalten waldverwüstender Eingriffe, zum Latschenbestand (Pinetum Mugi) entwickeln würde.

W i r t s c h a f t l i c h e   F o l g e r u n g e n : Im Interesse der Weidewirtschaft sollten wir diesen *Erica carnea*-Bestand vorerst überhaupt nicht beweiden. Wir dürfen auch die aufkommenden Sträucher nicht schwenden. Dann werden die vielen Sträucher aufkommen, sich zusammenschließen und eine hochwertige Humusschicht aufbauen. Die genügsamen Zwergsträucher und Gräser werden dann von anspruchsvolleren verdrängt werden und schließlich können wir, um einen guten Weideboden zu bekommen, mit Aussicht auf Erfolg an die Schwendung herantreten.

2 2. D i e   s e k u n d ä r e *E r i c a   c a r n e a* - H e i d e   a l s   V e r w ü s t u n g s - s t a d i u m   d e s   P u r p u r w e i d e n - B e s t a n d e s,

Salicetum purpureae ⬉ ERICETUM carneae.

Diese *Erica carnea*-Heide treffen wir auf Schuttkegeln dolomitischen Geschiebes besonders dort an, wo das Grundwasser hoch ansteht, aber doch nicht bis zur Oberfläche ansteigen kann.

Eine solche *Erica carnea*-Heide konnte ich am Schuttkegel des großen Suchergrabens, östlich Rosenbach, am Fuße der Karawanken in 550 m Seehöhe studieren.

Floristischer Aufbau:

Erica carnea	3.5	*Salix Elaeagnos*	
Salix purpurea	2.3	(= *S. incana*)	+.2
Campanula caespitosa	1.2	*Juniperus communis*	+.2
Achnatherum Calama-		*Petasites paradoxus*	+.2
grostis	1.2	*Alnus incana*	+.2⁰
Lotus corniculatus	1.2	*Globularia cordifolia*	+.2
Hieracium glaucum	1.2	*Pimpinella saxifraga*	+
Ostrya carpinifolia	1.2	*Prunella grandiflora*	+
Leontodon hispidus	1.2	*Cyclamen europaeum*	+
Hieracium piloselloides	1.2	*Pinus silvestris*	+
Dryas octopetala	1.2	*Euphrasia Rostkoviana*	+
Hippocrepis comosa	+.2	*Euphrasia tricuspidata*	+
Galium verum	+.2	*Linum catharticum*	+
Teucrium Chamaedrys	+.2		
Buphthalmum salici-		*Tortella inclinata*	2.3
folium	+.2		

Wie ist es eigentlich zu diesem *Erica carnea*-Bestand gekommen?

Die *Erica carnea*-Heide ist ein Verwüstungsstadium des Purpurweiden-Bestandes, welcher für Zwecke der Wildbachverbauung zur Faschinengewinnung immer wieder niedergeschlagen wird. Würde dies nicht geschehen, so würde sich der Purpurweidenbestand schließen, *Alnus incana, Pinus silvestris* würden sich hinzugesellen und die ganze Entwicklung würde zum Fichtenwald führen. Wir haben im Sinne der Vegetationsentwicklungstypen eine *Erica carnea*-Heide vor uns, welche ein Verwüstungsstadium des Purpurweiden-Bestandes ist und sich zum Rotföhrenwald entwickelt, weil immer nur die Purpurweiden ausgehauen werden und inzwischen der *Pinus silvestris*-Wald heranwächst.

Salicetum purpureae inundatum ↘ ERICETUM carneae salicetosum purpureae ↗ Salicetum purpureae pinetosum silvestris.

Wir müssen in diesem Raume auf diesem wasserdurchlässigen, oberflächlich sehr trockenen Schuttkegel nach Höhe des Grundwassers unterscheiden:

1. Salicetum purpureae ericetosum carneae ↘ ERICETUM carneae bei mehr oder weniger hoch anstehendem Grundwasser;
2. Salicetum incanae ericetosum carneae ↘ ERICETUM carneae bei mehr oder weniger tiefer liegendem Grundwasser;
3. Pinetum silvestris ericetosum carneae ↘ ERICETUM carneae bei tief liegendem Grundwasser.

2 3. Die sekundäre *Erica carnea*-Heide als Verwüstungsstadium des Uferweiden-Bestandes,

Salicetum incanae ↘ ERICETUM carneae.

Diese *Erica carnea*-Heide treffen wir auf Schuttkegeln dolomitischen Geschiebes besonders dort an, wo das Grundwasser so tief liegt, daß die Purpurweiden-Bestände keine Lebensbedingungen mehr finden, die Uferweide sich aber gegenüber der Rotföhrenkonkurrenz halten kann.

So treffen wir im Suchergraben, östlich Rosenbach, am Nordfuß der Karawanken besonders im oberen Teil des Schuttkegels, wo das Grundwasser tiefer liegt, diese *Erica carnea*-Heiden.

Eine solche Heide auf einem 20⁰ SO geneigten Arm dieses Schuttkegels zeigt folgenden f l o r i s t i s c h e n A u f b a u :

Erica carnea	4.5	*Leontodon hispidus*	1.1
Salix Elaeagnos (= S. incana)	3.2	*Pinus silvestris*	1.1
Petasites paradoxus	2.2	*Dryas octopetala*	+.2
Achnatherum Calamagrostis	2.2	*Juniperus communis*	+.2
Salix purpurea	1.2	*Campanula cochleariifolia*	+.2
Salix glabra	1.2	*Globularia cordifolia*	+.2
Alnus incana	1.1	*Campanula caespitosa*	+.2
Trisetum argenteum	1.1	*Hieracium glaucum*	+
Hieracium piloselloides	1.1	*Euphrasia tricuspidata*	+
		Centaurea Scabiosa	+

Die *Erica carnea*-Heide ist ein Waldverwüstungsstadium eines *Erica carnea*-reichen Uferweiden-Bestandes, welcher zur Brennholzgewinnung und Weidenutzung immer wieder niedergeschlagen wird.

Ich stelle diese *Erica carnea*-Heide zum

Salicetum incanae ↘ ERICETUM carneae ↗ SALICETUM incanae
    pinetosum silvestris;

also in Beziehung zum *Salix incana*-Ausschlagwald, der immer wieder niedergeschlagen wird.

Durch die einseitige Entnahme der Weiden und Grauerlen bekommt *Pinus silvestris* immer mehr Überhand und wird früher oder später die Herrschaft an sich reißen.

2 4. D i e s e k u n d ä r e *E r i c a c a r n e a* - H e i d e a l s V e r w ü s t u n g s -
s t a d i u m d e s F e l s b i r n e n - B e s t a n d e s ,

Amelanchieretum ovalis ↘ ERICETUM carneae.

Einen *Erica carnea*-reichen *Amelanchier ovalis*-Bestand konnte ich in 700 m Seehöhe in sonniger Lage in der Schütt am Südfuß der Villacher Alpe studieren.

F l o r i s t i s c h e r A u f b a u :

S t r a u c h s c h i c h t :

Amelanchier ovalis	3.2	*Campanula cochleariifolia*	+
Pinus silvestris	2.1	*Carex alba*	+
Sorbus Aria	+	*Cyclamen europaeum*	+
Salix glabra	+	*Cytisus purpureus*	+
Fraxinus Ornus	+⁰	*Leontodon incanus*	+
Picea excelsa	+⁰	*Polygala Chamaebuxus*	+
		Sesleria varia	+
		Calamintha alpina	+

N i e d e r w u c h s :

Erica carnea	3.4	M o o s s c h i c h t :	
Arctostaphylos Uva-ursi	+	*Tortella inclinata*	+

Im Sinne der Vegetationsentwicklungstypen stelle ich diesen Pionierwald zum

    „Ericetum carneae ⟋ Pineto silvestris - AMELANCHIERETUM ovalis
    ericosum carneae ⟋ Pinetum silvestris";

also zum *Erica carnea*-reichen Rotföhren-Felsbirnen-Bestand, der sich zum
reinen Rotföhrenwald weiterentwickeln wird.

Der Boden dieses Waldes ist zu 50 Prozent offen und die Gesteine verschiedener Größe vom großen Felsblock bis zum kleinsten Bergsturzgrus sind
dicht durcheinander vermischt.

Die groben Felsblöcke sind mehr oder weniger vegetationslos. Größere
Vegetationsbedeckung ist im humusdurchmischten Felsgrus, der knapp unter
der Oberfläche des Bodens auch an sehr sonnigen warmen Sommertagen durch-
feuchtet ist, vorhanden.

Wenn auch der grusige Boden oberflächlich noch sehr trocken ist, so ist
es' doch erstaunlich, wieviel Feuchtigkeit er schon dicht unter der Oberfläche
zu halten vermag, vermutlich, weil das Niederschlagswasser leicht eindringen,
aber kapillar nicht mehr aufsteigen kann. Besonders besitzen jene Bodenstellen
einige Bodenfrische, in denen durch die Aufbauarbeit der Pflanzen bereits
einiger Humus gebildet wurde.

Begünstigt durch die Zunahme der Wasserhältigkeit des Bodens durch
Humusbildung, schließen sich die *Erica carnea*-Zwergsträucher, die großen
Kalkblöcke auslassend, völlig zusammen, schaffen Humus und geben damit in
zunehmendem Maße dem Boden auch wasserhaltende Kraft. Damit aber verschwinden die anspruchslosen Moosteppiche, die hier große Bodentrockenheit
ertragen, aber Beschattung meiden, und anspruchsvollere Arten (Moose,
Gräser, Kräuter, Stauden, Sträucher, Bäume) bekommen die Voraussetzung für
ihr Aufkommen.

Wird nun der *Amelanchier-Pinus silvestris*-Wald niedergeschlagen, so erhalten wir eine *Erica carnea*-Heide als Waldverwüstungsstadium des Bestandes

    „Pineto silvestris-Amelanchieretum ovalis ericosum carneae ⟍ ERICETUM
    carneae ⟋ Pinetum silvestris ericetosum carneae";

also eine *Erica carnea*-Heide, welche ein Waldverwüstungsstadium des Pineto
silvestris-Amelanchieretum ovalis ist und sich früher oder später zum Pinetum
silvestris ericetosum carneae weiterentwickelt.

25. Die sekundäre *Erica carnea*-Heide als Verwüstungsstadium des Mannaeschenwaldes,

Fraxinetum Orni ⟍ ERICETUM carneae.

Zur Erläuterung diene eine solche *Erica carnea*-Heide, die ich auf einem
20⁰ Ost geneigten Geröllhang ober dem Marmorsteinbruch im Grasgraben bei
Villach mit folgendem floristischen Aufbau fand:

Erica carnea	5.5⁰	*Dianthus silvestris*	+.2
Fraxinus Ornus	2.3	*Galium purpureum*	+.2
Polygala Chamaebuxus	2.2	*Polygonatum officinale*	+.2
Sesleria varia	2.2	*Campanula caespitosa*	+.2
Calamagrostis varia	2.2⁰	*Leontodon incanus*	+.2
Cynanchum Vincetoxicum	1.1	*Teucrium Chamaedrys*	+.2

Peucedanum Oreoselinum	+.2		*Carex alba*	+.2
Euphorbia Cyparissias	+.2		*Platanthera bifolia*	+
Campanula thyrsoidea	+.2		*Anthericum ramosum*	+
Convallaria majalis	+.2		*Geranium sanguineum*	+
Thymus pulegioides			*Epipactis atrorubens*	+
(= *T. ovatus*)	+.2		*Ostrya carpinifolia*	+
Calamintha nepetoides			*Amelanchier ovalis*	+
(= *Satureja n.*)	+.2		*Cotoneaster tomentosa*	+
Verbascum austriacum	+.2		*Hieracium glaucum*	+
Scabiosa Columbaria	+.2		*Allium montanum*	+
Sorbus Aria	+.2		*Coronilla vaginalis*	+

Die *Erica carnea*-Heide ist ein Verwüstungsstadium des *Erica carnea*-reichen *Fraxinus Ornus*-Niederwaldes und wird nun wieder von diesem Ausschlagwald besiedelt.

Ich stelle diese *Erica carnea*-Heide zum

„Fraxinetum Orni ericosum carneae ↘ ERICETUM carneae ↗ Fraxinetum Orni."

Diesen *Erica carnea*-reichen *Fraxinus Ornus*-Bestand treffen wir nur auf Kalkgeröllboden an. Am anstehenden Fels daneben tritt an Stelle des Fraxinetum Orni ericosum carneae das Fraxinetum Orni sesleriosum variae auf.

Der Aufbau dieses Waldes am 25° geneigten Südosthang ist folgender:

Baumschicht, 4—5 m hoch

Fraxinus Ornus	0.8		*Genista tinctoria*	+
Ostrya carpinifolia	0.1		*Dianthus silvestris*	+
Pinus silvestris	0.1		*Polygala Chamaebuxus*	+
Fagus silvatica	+⁰⁰		*Galium purpureum*	+
			Calamagrostis varia	+
Strauchschicht:			*Laserpitium peucedanoides*	+
			Lotus corniculatus	+
Fraxinus Ornus	2.2		*Polygonatum officinale*	+
Juniperus communis	+.3		*Campanula caespitosa*	·+
Amelanchier ovalis	+.2		*Hieracium silvaticum*	
Ostrya carpinifolia	+		(= *H. murorum*)	+
Sorbus Aria	+		*Quercus petraea*	+
Cotoneaster tomentosa	+		*Leontodon incanus*	+
			Campanula thyrsoidea	+
Niederwuchs:			*Erica carnea*	+
			Helianthemum ovatum	+
Sesleria varia	4.3		*Verbascum austriacum*	+
Carex alba	2.2		*Ajuga genevensis*	+
Cynanchum Vincetoxicum	1.1		*Teucrium Chamaedrys*	+
Origanum vulgare	+		*Geranium sanguineum*	+

Dieser *Fraxinus Ornus*-Niederwald ist ein Waldverwüstungsstadium des bodenbasischen Rotbuchenwaldes. Er würde sich bei pfleglicher Wirtschaft wieder zum Rotbuchenwald entwickeln.

Daher stelle ich diesen Bestand zum

„Fagetum silvaticae ↘ FRAXINETUM sesleriosum variae ↗ Fagetum".

Wird das Fraxinetum Orni aber wieder niedergeschlagen, so wird es zum SESLERIETUM variae degradiert, das ich im Sinne der Vegetationsentwicklungstypen zum

„Fraxinetum Orni sesleriosum variae ⬊ SESLERIETUM variae ⬈ Fraxinetum Orni"

stellen möchte.

Daraus ersehen wir, daß die Waldentwicklung im Hinblick auf den Unterwuchs auf Kalk g e r ö l l boden einen anderen Weg geht als auf Kalk f e l s boden.

Erica carnea ist doch im Hinblick auf die Wasserversorgung um vieles anspruchsvoller als *Sesleria varia* und *Calamagrostis varia*. Daher sagt ihr der Kalkgeröllboden mehr zu als der Kalkfelsboden, weil sich im Kalkgeröllboden unter den Steinen das Wasser besser halten kann. Daher erfolgt auch die Waldentwicklung auf Kalkgeröllboden zum Rotbuchenwald um vieles rascher als auf Kalkfelsboden.

26. Die sekundäre *Erica carnea*-Heide als Verwüstungsstadium des Hopfenbuchenwaldes,

Ostryetum carpinifoliae ⬊ ERICETUM carneae.

Eine derartige *Erica carnea*-Heide konnte ich auf einem 35° nach Süden geneigten Hang am Loiblpaß, oberhalb der Straße, am Wege zum Deutsch-Peter in 850 m Seehöhe studieren.

Floristischer Aufbau:

Erica carnea	5.5	*Euphorbia Cyparissias*	+.2
Polygala Chamaebuxus	2.2	*Thymus ovatus*	+.2
Calamagrostis varia	2.2	*Petasites paradoxus*	+.2
Cotoneaster tomentosa	2.2	*Brachypodium pinnatum*	+.2
Amelanchier ovalis	2.2	*Galium lucidum*	+
Carex humilis	2.2	*Buphthalmum salicifolium*	+
Cynanchum Vincetoxicum	1.2	*Peucedanum Oreoselinum*	+
Teucrium Chamaedrys	1.2	*Coronilla vaginalis*	+
Polygonatum officinale	1.2	*Pimpinella saxifraga*	+
Peucedanum rablense	1.1	*Berberis vulgaris*	+
Cyclamen europaeum	1.1	*Juniperus communis*	+
Anthericum ramosum	1.1	*Fraxinus Ornus*	+
Epipactis atrorubens	1.1	*Sorbus Aria*	+
Platanthera bifolia	1.1	*Pinus silvestris*	+
Globularia cordifolia	+.2	*Ostrya carpinifolia*	+

Vergleichende Untersuchungen zeigen uns, daß diese *Erica carnea*-Heide ein Waldverwüstungsstadium des Mannaëschen-Hopfenbuchenwaldes ist und sich wieder zum Mannaëschen-Hopfenbuchen-Ausschlagwald aufwärtsentwickeln wird. Ich stelle diese *Erica*-Heide zum

Fraxineto Orni-Ostryetum carpinifoliae ericosum carneae ⬊ ERICETUM carneae ⬈ Fraxineto Orni-Ostryetum carpinifoliae regerminatum.

Der unmittelbar benachbarte Mannaëschen-Hopfenbuchen-Ausschlagwald zeigt folgenden floristischen Aufbau:

B a u m s c h i c h t :

Ostrya carpinifolia	3.2
Fraxinus Ornus	2.2
Pinus silvestris	2.1
Sorbus Aria	2.1
Pinus nigra	+

S t r a u c h s c h i c h t :

Cotoneaster tomentosa	2.1
Amelanchier ovalis	1.2
Viburnum Lantana	+
Rubus saxatilis	+
Pinus nigra	+

N i e d e r w u c h s :

Erica carnea	4.3
Calamagrostis varia	2.2
Polygala Chamaebuxus	2.1
Angelica verticillaris	1.2
Thymus ovatus	1.1
Cynanchum Vincetoxicum	1.1
Buphthalinum salicifolium	1.1
Peucedanum rablense	1.1
Cyclamen europaeum	1.1
Anemone trifolia	1.1

Anthericum ramosum	1.1
Convallaria majalis	+.2
Pteridium aquilinum	+.2
Teucrium Chamaedrys	+
Peucedanum Oreoselinum	+
Polygonatum officinale	+
Euphorbia Cyparissias	+
Campanula spicata	+
Solidago Virgaurea	+
Lathyrus pratensis	+
Epipactis Helleborine (= E. latifolia)	+
Galium lucidum	+
Populus tremula	+
Lotus corniculatus	+
Coronilla vaginalis	+
Petasites paradoxus	+
Melica nutans	+
Carex flacca	+
Sorbus aucuparia	+
Valeriana montana	+
Lastrea obtusifolia (= Dryopteris Robertiana)	+
Carex digitata	+

Im Mannaëschen-Hopfenbuchenwald treffen wir eine ganze Reihe von anspruchsvolleren Arten, welche uns den Hinweis geben, daß sich unser Waldboden verbessern würde, wenn nicht der waldverwüstende Ausschlagwaldbetrieb alle 10—20 Jahre immer wieder die Bestände niederschlagen würde.

Durch die plötzliche Freistellung und Besonnung sowie Abschwemmung der Feinerde durch Regengüsse wird die Bodengüte sehr herabgesetzt.

Die anspruchsvolleren Arten sind *Anemone trifolia, Convallaria majalis, Melica nutans, Carex digitata.*

Würde der waldverwüstende Eingriff des Niederwaldbetriebes aufhören, so würde sich sicherlich im Mannaëschen-Hopfenbuchenwald die Rotbuche einfinden und die Waldentwicklung würde sich in Richtung des Rotbuchen-Tannen-Mischwaldes bewegen. Dieser Weg würde gar nicht einmal sehr lange dauern, da der Unterboden unserer oberflächlich bodentrockenen *Erica carnea*-Heide einen guten Wasserhaushalt besitzt. Dies geht insbesondere aus dem lebenskräftigen Auftreten folgender Arten hervor: *Pteridium aquilinum, Angelica verticillaris, Petasites paradoxus, Carex flacca, Lastrea obtusifolia.*

Die Schneepestwurz *(Petasites paradoxus)* ist als Relikt der Schuttkegelbesiedlung aufzufassen.

W i r t s c h a f t l i c h e   F o l g e r u n g e n : So sehr wir interessiert sind, daß durch verschiedene Ausschlaghölzer möglichst bald wieder der Boden beschattet wird und Regengüsse nicht direkt auf den Steilhang aufprasseln kön-

nen, so wenig sind wir geneigt, die extensiv betriebene Brennholz-Niederwald-
wirtschaft weiterzuführen. Daher wollen wir diesen Bestand der Felsenbirne,
der Filzigen Steinmispel, des Mehlbeerbaumes, der Mannaésche und der
Hopfenbuche zwar belassen, wollen aber in ihrem Schutze die Schwarzföhre
anforsten. Sollte im Zuge dieser Bewaldung die Schwarzföhre zu sehr beschattet
werden, so ist sie im Kronenfreihieb lichtzustellen. Die vorerwähnten Aus-
schlagsträucher sind aber als Bodenschutzhölzer zu belassen.

I v o H o r v a t untersuchte in der Samobor Gora Črnec in Kroatien in
500 m Seehöhe auf einem ca. 25⁰ geneigten Südwesthang einen *Erica carnea*-
reichen *Fraxinus Ornus - Ostrya carpinifolia*-Bestand und fand folgenden
Aufbau:

S t r a u c h s c h i c h t :

Ostrya carpinifolia	4.3
Fraxinus Ornus	3.3
Quercus pubescens	2.3
Viburnum Lantana	2.3
Quercus petraea × *pubescens*	1.3
Juniperus communis	1.3
Rhamnus cathartica	1.1
Cornus mas	+.3
Sorbus torminalis	+
Crataegus monogyna	+
Cornus sanguinea	+
Ligustrum vulgare	+
Lonicera Caprifolium	+
Berberis vulgaris	+
Quercus petraea	+
Fagus silvatica	+
Sorbus domestica	+

N i e d e r w u c h s :

Erica carnea	4.4
Geranium sanguineum	2.3
Genista januensis	2.2
Carex humilis	2.2
Peucedanum Oreoselinum	1.3
Cytisus hirsutus	+.2
Teucrium Chamaedrys	+.2
Clematis recta	+.2
Hierochloë odorata	+.2
Melittis Melissophyllum	+.2
Polygonatum officinale	+.2
Anthericum ramosum	+.2

Hypochoeris maculata	+.2
Mercurialis ovata	+.2
Inula hirta	+.2
Buphthalmum salicifolium	+.2
Veronica Jacquinii	+.2
Carex Halleriana	+.2
Chrysanthemum corymbosum	+
Peucedanum Cervaria	+
Campanula persicifolia	+
Aster Amellus	+
Carex flacca	+
Galium lucidum × *silvaticum*	+
Symphytum tuberosum	+
Primula vulgaris	+
Convallaria majalis	+
Knautia drymeia	+
Euphorbia Cyparissias	+
Dorycnium germanicum	+
Arabis arenosa (= *Cardaminopsis arenosa*)	+
Cyclamen europaeum	+
Helianthemum ovatum	+
Pteridium aquilinum	+
Lotus corniculatus	+
Leontodon incanus	+
Asperula cynanchica	+
Helleborus macranthus	+
Plantago media	+
Erysimum carniolicum	+

I v o H o r v a t stellt diesen Bestand vorläufig als *Quercus pubescens -
Geranium sanguineum* - Assoziation hinaus und berichtet, daß diese die steilen
30—45⁰ geneigten süd- oder südwestexponierten Hänge auf Skelettböden oberhalb der Kalk- und Dolomit-Unterlage besiedelt.

Im Sinne meiner Vegetationsentwicklungstypen stelle ich diesen Bestand zur Gruppe Fraxineto Orni-OSTRYETUM carpinifoliae basiferens; also zum bodenbasischen Mannaeschen-Hopfenbuchenwald. Wird nun dieser Bestand niedergeschlagen, so verbleibt eine *Erica carnea*-Heide, die allerdings sich sehr bald wieder zum *Fraxinus Ornus-Ostrya carpinifolia*-Ausschlagwald entwickelt. Diese *Erica carnea*-Heide würde ich im Sinne meiner Vegetationsentwicklungstypen daher zum

> „Fraxineto Orni-Ostryetum carpinifoliae ericosum carneae ↘ ERICETUM carneae ↗ Fraxineto Orni-Ostryetum carpinifoliae"

stellen.

27. Die sekundäre *Erica carnea*-Heide als Verwüstungsstadium des *Erica carnea*-reichen Rotbuchenwaldes,

Fagetum ericosum carneae ↘ ERICETUM carneae.

Als Beispiel diene die Aufnahme einer *Erica carnea*-Heide, welche ich im sogenannten Grasgraben zwischen dem Drautal und Gegendtal in Kärnten auf einem 20° südöstlich geneigten Hangrücken in 700 m Seehöhe untersuchen konnte.

Floristischer Aufbau:

Erica carnea	5.5	*Amelanchier ovalis*	+
Calamagrostis varia	2.2	*Ostrya carpinifolia*	+
Melampyrum pratense	1.2	*Pirola secunda*	+
Polygala Chamaebuxus	1.1	*Vaccinium Vitis-idaea*	+
Fagus silvatica	+.2	*Euphorbia Cyparissias*	+
Genista tinctoria	+		
Hieracium silvaticum	+	Moose:	
Peucedanum Oreoselinum	+	*Pseudoscleropodium purum*	4.5
Sorbus Aria	+		
Fraxinus Ornus	+	*Rhytidiadelphus triquetrus*	1.5
Fragaria vesca	+		
Convallaria majalis	+	*Hylocomium splendens*	1.1
Polygonatum officinale	+		

Diese *Erica carnea*-Heide (100 m²) wächst in einer Lichtung eines Rotbuchenausschlagwaldes und ist als Verwüstungsstadium dieses Waldes anzusehen. Es handelt sich hier um einen Rotbuchenausschlagwald, der über einen Rotföhren-Illyrischen-Laubmischwald entstanden ist und durch den Niederwaldbetrieb am steilen sonnigen Hang seinen kräuterreichen Unterwuchs verloren hat und *Erica carnea*-reich wurde.

Die Wiederbewaldung führt hier zum Mannaeschen-Hopfenbuchenwald. Im Sinne meiner Waldentwicklungstypen stelle ich diese *Erica carnea*-Heide zum

> Fagetum ericosum carneae ↘ ERICETUM carneae ↗ Fraxinetum Orni ostryetosum carpinifoliae.

Trotz des basischen Untergrundes (Marmor) hat sich dennoch örtlich Rohhumus gebildet und damit das Aufkommen einer reichlichen azidiphilen Moosschicht und einzelner azidiphiler Arten *(Melampyrum pratense, Genista tinctoria, Pirola secunda, Vaccinium Vitis-idaea)* ermöglicht.

Der wasserdurchlässige Urkalkgeröllboden sowie die schwere Löslichkeit dieses Bodens bringen es mit sich, daß der Bodenverbesserung erhebliche Schwierigkeiten entgegengesetzt werden. Die basiphilen Arten sind auch durchwegs Arten, welche große Bodentrockenheit gut ertragen können z. B. *Polygala Chamaebuxus, Calamagrostis varia, Polygonatum officinale.* Darum fehlt auch unter den azidiphilen Arten die Heidelbeere.

Ein angrenzender Rotbuchenausschlagwald zeigt folgenden floristischen Aufbau am 20° geneigten Südosthang.

Baumschicht:		Niederwuchs:	
(10 m hoch, Niederwald)		*Erica carnea*	4.5
Fagus silvatica	5.5	*Calamagrostis varia*	2.2
Picea excelsa	+	*Fagus silvatica*	1.1
		Carex alba	+.2
Strauchschicht:		*Polygala Chamaebuxus*	+.2
		Epipactis atrorubens	+
Fagus silvatica	1.1	*Viola mirabilis*	+
Fraxinus Ornus	1.1	*Cephalanthera longifolia*	+
Sorbus Aria	+	*Origanum vulgare*	+
Corylus Avellana	+	*Platanthera bifolia*	+

Wir haben hier einen *Erica carnea*-reichen Rotbuchenausschlagwald vor uns, der mit dem Mannaëschenwald in Beziehung steht und durch den Niederwaldbetrieb am trockenen warmen Steilhang aus einem kräuterreichen Rotbuchenwald entstanden ist und sich bei pfleglicher Wirtschaft wieder dorthin entwickeln würde (Fagetum herbosum ⭦ Fagetum fraxinetosum Orni ericosum carneae ⭧ Fagetum herbosum).

Wird dieser *Erica carnea*-reiche Rotbuchenausschlagwald geschlagen, so wird er zu der *Erica carnea*-Heide degradiert, die wir oben besprochen haben.

Im Sinne der Charakterartenlehre B r a u n - B l a n q u e t s ist dieser *Erica carnea*-reiche Rotbuchenausschlagwald natürlich kein Fagetum, d. h. er gehört nicht dem Fagion-Verbande an, welcher durch eine große Anzahl anspruchsvoller krautiger Pflanzen charakterisiert ist, sondern dem Pineto-Ericion-Verbande, welcher Pflanzengesellschaften enthält, die trockene basische Böden besiedeln. Innerhalb dieses Verbandes gehört unser Rotbuchenausschlagwald zum Pinetum austro-alpinum (A i c h i n g e r 1933) Br.-Bl. und Sissingh 1939 für welches insbesondere folgende Charakterarten bezeichnend sind: *Platanthera bifolia, Epipactis atrorubens, Erica carnea, Polygala Chamaebuxus, Carex alba.*

Im Sinne der Charakterartenlehre ist diese Auffassung ebenso richtig wie ökologisch, denn wenn ich den Rotbuchenwald niederschlage, wird sich nicht die Rotbuche durch Samen verjüngen, sondern die Rotföhre und es wird ein natürlich erwachsener *Erica carnea*-reicher Rotföhrenwald entstehen.

Daraus ziehen wir die w i r t s c h a f t l i c h e F o l g e r u n g, daß unsere *Erica carnea*-Heide mit Rotföhre anzuforsten ist. Die übrigen Sträucher wie insbesondere *Amelanchier ovalis, Fraxinus Ornus* und *Sorbus Aria* sind aber als willkommene Pioniere so viel wie möglich zu fördern, um Laubholz hineinzubekommen und den Wasserhaushalt durch den Bestandesabfall zu heben.

Schriftenverzeichnis

A i c h i n g e r, E.: Vegetationskunde der Karawanken. Jena 1933.

— Rotföhrenwälder als Waldentwicklungstypen. Angewandte Pflanzensoziologie VI. Wien 1952.

B o j k o, H.: Der Wald im Langenthal (Val lungo). Bot. Jahrb. Bd. LXIV., 1.

B r a u n - B l a n q u e t, J.: Übersicht der Pflanzengesellschaften Rätiens. Vegetatio. — Vol. I 29—41, 129—146, 285—316, Vol. II 20—37, 214—237, 341—360, 1948/1949.

— Pflanzensoziologie. 1951.

D u   R i e t z, G. E., u. N a n n f e l d, J. A.: Ryggmossen und Stigsbo Rödmosse, die letzten lebenden Hochmoore der Gegend von Upsala. Svenska växtsoziolog. sällskapts handlg. 3. 1925.

G r a e b n e r, P.: Die Heide Norddeutschlands und die sich anschließenden Formationen in biologischer Betrachtung. II. Aufl., Leipzig 1925.

H o r v a t, J.: Vegetationsstudien in den kroatischen Alpen I—II. Bull. intern. d. l'Acad. Yougosl. d. sc. et des arts, cl. sc. math. 'et nat. 24—25. Zagreb 1930/1931.

— Pflanzensoziologische Walduntersuchungen in Kroatien. Ann. pro exper. forest. Zagreb. 1938.

N o r d h a g e n, R.: Die Vegetation und Flora des Sylenegebietes. Skr. Norsk. Vidensk. Akad. math. nat. Kl. 1. Oslo, 1927—1928.

O s v a l d, Hugo: Die Vegetation des Hochmoores Komosse. Svenske Växtso-Sällsk. Handl. 1. Uppsala 1923.

P a l l m a n n, H., u. H a f f t e r, H.: Pflanzensoziologische und bodenkundliche Untersuchungen im Oberengadin. Ber. d. Schweiz. Bot. Ges. 42, 2, 1933.

P i s e k, A., u. C a r t e l l i e r i, E.: Zur Kenntnis des Wasserhaushaltes der Pflanze. Jahrb. f. wiss. Bot. 75, 79, 1931 u. 1933.

— Der Wasserverbrauch einiger Pflanzenvereine. Ebenda, 90, 2, 1941.

S t e f f e n, H.: Vegetationskunde von Ostpreußen. Jena 1931.

T ü x e n, R.: Die Pflanzengesellschaften Nordwestdeutschlands. Mitt. d. florist.-soziol. Arbeitsgem. Niedersachens 3, 1937.

Buchbesprechungen

Die Sprache der Grünlandpflanzen.

Ein Wegweiser zur Verbesserung von Wiesen und Weiden. Von Dr. Friedrich K ö n i g, Lehr- und Forschungsinstitut Steinach/Ndb. Herausgegeben von der Studiengesellschaft zur Förderung der Grünlandwirtschaft mbH. Verlagsgesellschaft für Ackerbau, Hannover, 1955. Großformat.

Vorliegende Arbeit darf wohl als d a s Grünlandbuch für den fortschrittlichen Landwirt und den landwirtschaftlichen Förderungsdienst bezeichnet werden. Dr. König hat mit der ihm eigenen Gabe, Zusammenhänge zu erkennen, Text und Bilder so ausgewählt, daß sie wirklich einen Wegweiser zur Grünlandbeurteilung und -bewirtschaftung ergaben. Seine Ausführungen beschränken sich bewußt auf die heute so aktuelle Frage: Mehr und besseres Futter vom Dauergrünland! Wohl die meisten unserer Landwirte halten dieses Ziel für erstrebenswert, doch ist der Weg hiezu nicht immer leicht. Dem großen Kreis der Praktiker wird aber hiemit ein Buch geboten, in dem aus der Fülle der Probleme wirklich einmal alles Wesentliche gebracht und erfreulicherweise alles Unwesentliche weggelassen wurde.

Das Buch gliedert sich in fünf Abschnitte. Der 1. Abschnitt bringt Grundsätzliches zur Grünlanddüngung. Die noch fallweise verbreitete Ansicht „Grünland brauche keinen Dünger" ist natürlich irrig. Wer heute sein Dauergrünland gar nicht oder ungenügend düngt, kann keine zufriedenstellenden Erträge erwarten. Die Düngerbedürftigkeit ist absolut vorhanden und dieser kann nur mit einer entsprechenden Düngergabe begegnet werden. Das Pflanzenkleid einer Wiese spiegelt auch den Grad ihrer Nährstoffversorgung wider. Aus zahllosen Untersuchungen geht hervor, daß heute zur Narbenverbesserung hauptsächlich Phosphat-, Kali- und Kalkdünger nötig sind. Aber erst eine harmonische Gabe ermöglicht den Gräsern, Leguminosen und Kräutern Massenwachstum in einem von uns erwünschten Ertragsverhältnis von 2 : 1 : 1. Grünlandwirtschaft hat aber noch eine andere Voraussetzung: Der Wasserhaushalt der betreffenden Böden muß in Ordnung sein. Zuviel Wasser wie auch Wassermangel beeinträchtigen die Erträge schwerstens. Fragen der Ent- oder Bewässerung, des Umbruches und der Neuansaat aber sind jeweils dem Einzelfall entsprechend zu entscheiden. Zu trockene, ackerfähige Wiesen führt man oft besser in Ackerland über.

Der 2. Abschnitt bringt die Hauptarbeit des Buches. Auf zwölf Tafeln werden 63 der wichtigsten Grünlandpflanzen (davon 40 färbig) sehr wirklichkeitsnah wiedergegeben. Die kunstvoll ausgeführten Zeichnungen stammen vom Graphiker Walter Würth. Alle Pflanzenarten sind nach bestimmten anzeigenden Werten gruppiert, somit zu ökologischen Gruppen zusammengefaßt. So gibt es Tafeln von Pflanzen nasser Wiesen; von Pflanzen trockener, oft ackerfähiger Standorte; von Pflanzen, die Nährstoffarmut anzeigen; von Pflanzen der Jauche- und Gülleflora usw. Zu jeder Tafel gehört ein mehrseitiger Textteil. Den botanischen Angaben jeder einzelnen Art folgen ausführlich gehaltene ökologische Besonderheiten. Aus ihnen folgert der Verfasser Ratschläge für jeweils geeignete Bewirtschaftungsmaßnahmen solcher Flächen. Um nur ein Beispiel herauszugreifen: Bei der Besprechung des Pfeifengrases (Molinia coerulea) wird unter anderem angeführt, daß es hauptsächlich auf wechselnassen Ödlandwiesen auftritt. „Selbst starkes Auftreten sollte aber nicht zur Entwässerung verleiten, zeigt es doch hauptsächlich Nährstoffmangel in Verbindung mit Extensivwirtschaft an. Werden Pfeifengraswiesen gedüngt, mit etwas Klee eingesät und jährlich 2- bis 3mal gemäht, entwickeln sie sich ohne weiteres zu wertvollen Futterwiesen". Es ist klar, daß ein Buch besonders dann begehrt wird, wenn es zusätzlich zu wissenswerten Kenntnissen auch deren Nutzanwendung bringt. Gerade darin liegt ja auch der Wert vorliegender Arbeit. Einige Farbfotos illustrieren noch Düngerversuche zu Wiesen und Weiden.

Der 3. Abschnitt gilt einer Gliederung der häufig vorkommenden Grünlandpflanzen nach ihrem landwirtschaftlichen Nutzwert, wie sie 1953 von Professor Klapp empfohlen wurde.

Dieser Nutzwert wird durch Wertzahlen ausgedrückt, die einer Zehnerskala von —1 bis +8 entnommen sind. So erhalten z. B. gesundheitsschädliche Pflanzen die Wertzahl 1, geringwertige Pflanzen Wertzahlen bis 2, wertvolle Futterpflanzen solche bis 6 und hochwertige Futterpflanzen eine Wertzahl bis 8. Eine umfangreiche Zusammenstellung bringt über 180 Pflanzenarten (Gräser, Leguminosen und Kräuter) jeweils mit ihrer entsprechenden Wertzahl.

Der 4. Abschnitt gibt Hinweise zur Düngung von Wiesen und Weiden. Zur Erzielung hoher Erträge sind sowohl Wirtschafts- als auch Handelsdünger unerläßlich. Heute ist in erster Linie die regelmäßige und ausgeglichene Anwendung einer mineralischen Volldüngung zu empfehlen, in die dann alle paar Jahre eine Gabe von organischem Dünger eingeschoben wird. Wiesen und Weiden, die Höchsterträge bringen, erfordern bei geordneter Kalkversorgung etwa folgende jährliche Zufuhr von Reinnährstoffen: Stickstoff und Phosphorsäure je 60 kg und Kali 100 kg. Nur ausreichende Düngergaben können die Grasnarbe dauernd leistungsfähig erhalten.

Der abschließende 5. Abschnitt ist lediglich ein alphabetisches Verzeichnis der etwa 200 im Buch genannten Pflanzen in lateinischer und deutscher Benennung.

Dipl.-Ing. A. A l b l

Naturgemäße Anbauplanung, Melioration und Landespflege.

Von Dr. Heinz E l l e n b e r g. (Band III der „Landwirtschaftlichen Pflanzensoziologie".) 109 Seiten mit 30 Abb. Preis kart. DM 6.—. Verlag Eugen U l m e r, Ludwigsburg, Deutschland.

Professor Ellenberg versteht es dem Leser deutlich zu machen, wie sehr gerade die Pflanzenökologie geeignet ist, in Fragen der Bodennutzung und Standortbeurteilung klärend vorzudringen. Die übersichtlich geordnete Arbeit behandelt die gegenwärtig so aktuellen Probleme der Erosion und des Windschutzes, der Abstimmung des Pflanzen- und Obstbaues auf die natürlichen Standortverhältnisse und Fragen zur Erfassung und kartenmäßigen Festlegung dieser Standorte. Schon in der Einführung wird treffend bemerkt, daß eine steigende Intensivierung der Bodenkultur nur dann nachhaltig sein kann, wenn sie von vornherein auf die naturräumliche Gliederung des Landes abgestimmt wird. Verschiedene Standorte verlangen daher jeweils individuelle Bewirtschaftungsmaßnahmen, doch allen gemeinsam soll das Bestreben gelten, sie, wo immer möglich, noch zu verbessern.

Im ersten Teil der drei Buchabschnitte wird, illustriert durch etliche Bilder, über Boden- und Winderosion in Mitteleuropa berichtet. Erosionsschäden lassen sich bedeutend vermindern, wenn geeignete Schutzmaßnahmen unternommen werden. Als solche gelten vor allem jene, die die Dichte und Dauer der Pflanzendecke und die Art der Bodenbearbeitung berücksichtigen. Kritischer sind die Fragen des Windschutzes. Hier stehen nämlich, biologisch gesehen, den Vorteilen (größere Windruhe, längere Schneebedeckung) oft erhebliche Nachteile gegenüber (erhöhte Frostgefahr, spätere Saat- und Erntezeiten). Das Problem der Erosion und ihrer Verhinderung ist daher nur auf standörtlicher Basis zu lösen. Keiner bestreitet, daß viele Hinweise auf Fehler und Mißstände unserer Wasserwirtschaft unberechtigt sind, mit vollem Recht lehnt aber auch der Verfasser das Schlagwort von der „Versteppung Deutschlands" ab.

Der zweite Teil ist vornehmlich Fragen der Bodenfruchtbarkeit gewidmet. Jede Kultivierungsplanung muß sich vorher mit den lokalen Böden und den Wasserführungsverhältnissen vertraut machen. Einer besonders eingehenden Studie bedarf die Meliorierung von großflächigen Mooren, da diese in mannigfacher Ausbildung und Zustandsstufe vorliegen können. Gerade hier aber bietet die Vegetation einen untrüglichen Zeigerwert. Bei der wirtschaftlichen Betrachtung der Moortypen wird erwähnt, daß heute der oft schlechte Wiesenbestand weniger die Folge einer großen Nässe als vielmehr einer mangelnden Düngung ist. Eine sachliche Beurteilung erfährt auch das gewiß nicht einfache Thema der Ordnung von Wald und Weide im Gebirge. Immer mehr wird erkannt, daß die heute geübte Extensivweide und Waldweide große Gefahren in sich birgt und auf alle Fälle zu einer Wertminderung des Weidegebietes führt. Daher ist es dringend erforderlich, einerseits das Weideland auf geeignete Flächen zu beschränken und dieses intensiv zu bewirtschaften; andererseits aber alle weideungeeigneten Flächen der reinen Forstwirtschaft zuzuführen. Der Verfasser zitiert in diesem Kapitel mehrmals einschlägige Arbeiten des Kärntner Landesinstituts für Pflanzensoziologie und bemerkt, daß dessen Erkenntnisse auch für die deutschen Alpengebiete Geltung haben. Aufschlußreich sind die Ergebnisse der Bearbeitung eines Landkreises in Württemberg, in dem untersucht wurde, wieweit die gegenwärtige Verteilung der Kulturarten der optimalen Bodennutzung entspricht. Ob also die einzelnen Kulturarten den jeweils für ihr Gedeihen bestmöglichen Standort erhielten. Hier waren große Verbesserungsmöglichkeiten festzustellen und es wird klar, daß z. B. eine landwirtschaftliche Standortkartierung für viele Fragen der Bodennutzung (Arten- und Sortenwahl) bedeutungsvoll ist.

Der dritte Teil ist der Standortbeurteilung und -kartierung gewidmet. Ausgehend von Darstellungen, auf welch mannigfache Hilfsmittel der „Beurteiler" zurückgreifen kann, werden methodische Kartierungsfragen behandelt und Hinweise für ihre Anwendungsmöglichkeiten gegeben. Als Unterlage für die Standortsbeurteilung wird vornehmlich die Vegetationskarte gefordert, die von einer Bodenkarte und einer Klimakarte ergänzt werden soll. Trotzdem bleiben zwangsläufig noch eine Reihe von Fragen offen und der Verfasser selbst drückt aus, daß zum Erfassen der Standorte viel biologisches Verständnis und ein großes Maß an Erfahrung nötig sei. Besonderes Interesse als Übersichtskarte erwecken auch die kartographischen Klimagliederungen, die allein mit Hilfe von Pflanzen aufgestellt wurden. Die wiedergegebenen Abbildungen lassen jedenfalls eine recht deutliche Abstufung der verschiedenen Klimalagen erkennen. Diese Form der Beurteilung scheint vor allem für empfindliche Kulturen (auch Obstarten) bedeutungsvoll zu sein. Einen sehr guten Eindruck vermitteln auch die Beispiele und Abbildungen der Pflanzenstandortskarten. Als wesentlicher Teil der Erläuterung dazu dient die Standortbewertung, die auf Grund von Befragungen, Ertragsschätzungen und geeigneten Versuchsanstellungen ermittelt wird. Die Arbeit schließt mit etlichen Eignungskarten für den Obstbau und einem reichhaltigen Schriftenverzeichnis. Sie ist sicherlich für alle, die Beziehungen zum Landbau und zur Pflanzenwelt haben, von großer Bedeutung.
Dipl.-Ing. Albin A l b l